皮革工艺 vol. 8

经典医生包

日本 STUDIO TAC CREATIVE 编辑部 编

赵 亂 丁 男 译

中原农民出版社
·郑州·

目录 CONTENTS

TRUNK
Bag of hand stitch

What is Doctor Bag

医生包的前世今生

银座的箱包老店 TANIZAWA
照片提供：Ginza Tanizawa

医生包，顾名思义，就是职业医生装医疗用品用的包。其容量很大，能够放入大量的药品，甚至是医疗器械；其包身厚实，从而能保护所装载的医疗用品；拥有立体式的造型，且口金式的包口可以开得很大，非常便于拿取。在历史上，医生包受到了医生们的肯定和喜爱，由此而得名。

近百年中，医生包逐渐被大部分人所接受，并作为一种正式的公文包，成为商务男士和成熟男士的象征。医生包更是进入时尚界，被改造为各种各样的形态，成为一种时尚包款。而经典的医生包更是经久不衰，有人甚至称其为“皮包之王”。其厚实的皮革包身、可以张得极开的口金式包口、气质满满的舌扣以及闪亮的锁扣，都展现着它的王者风范，令人爱不释手。因此，经典款的医生包被称为“皮包之王”，可以说是实至名归了。

医生包的样式非常多，但最经典的还属日本东京银座的箱包老店 TANIZAWA 的第二代店主谷泽甲七曾设计的一款医生包。这款医生包于 1951 年在店内开始售卖，当时受到了人们的追捧。

医生包的制作

手缝医生包充分表现了传统皮包的魅力，不仅保留了皮革的天然质感，而且具有成熟稳重的外表，同时还有着手工皮具特有的深度和内涵。手工匠人制作医生包时那优雅的姿态也让人肃然起敬。用“刚健质朴”这个词来形容医生包，可谓恰如其分地说明了其耐用的特质，体现了“皮包之王”的成熟风范。因此，制作一个医生包也成了众多手工皮具匠人毕生追求的目标之一。在这里，你无须考虑那么复杂，只要在脑海中想象着医生包那美丽的身影，一步一步地开始制作就可以了。

医生包的使用

拿着我不知什么时候开始使用的医生包，朦朦胧胧间有种感觉忽然浮现在脑海——它将是会陪伴我一生的手提包。它的身躯与其上的伤痕，正诉说着迄今为止我与它一起走过的日子。如果说伤痕是男人的勋章，那么这家伙可能就是男人中的男人。

认真回想，到目前为止，它也不过被修理了一次而已。绝对是我在使用时没有好好地爱护它，但它却毫无怨言，陪我去任何一个地方。当与他人会面时，皮包就是我的名片。只要带着它，便能装下大部分的行李了。一句话，它非常值得信赖。

平时我没有怎么注意过它，但此刻却突然发现，它比以往更加具有风采和存在感。就像是反映着我逐渐变得成熟，让人喜悦之情油然而生。对医生包本身的喜爱，可能就是我打开了成熟的大人世界之门的象征。

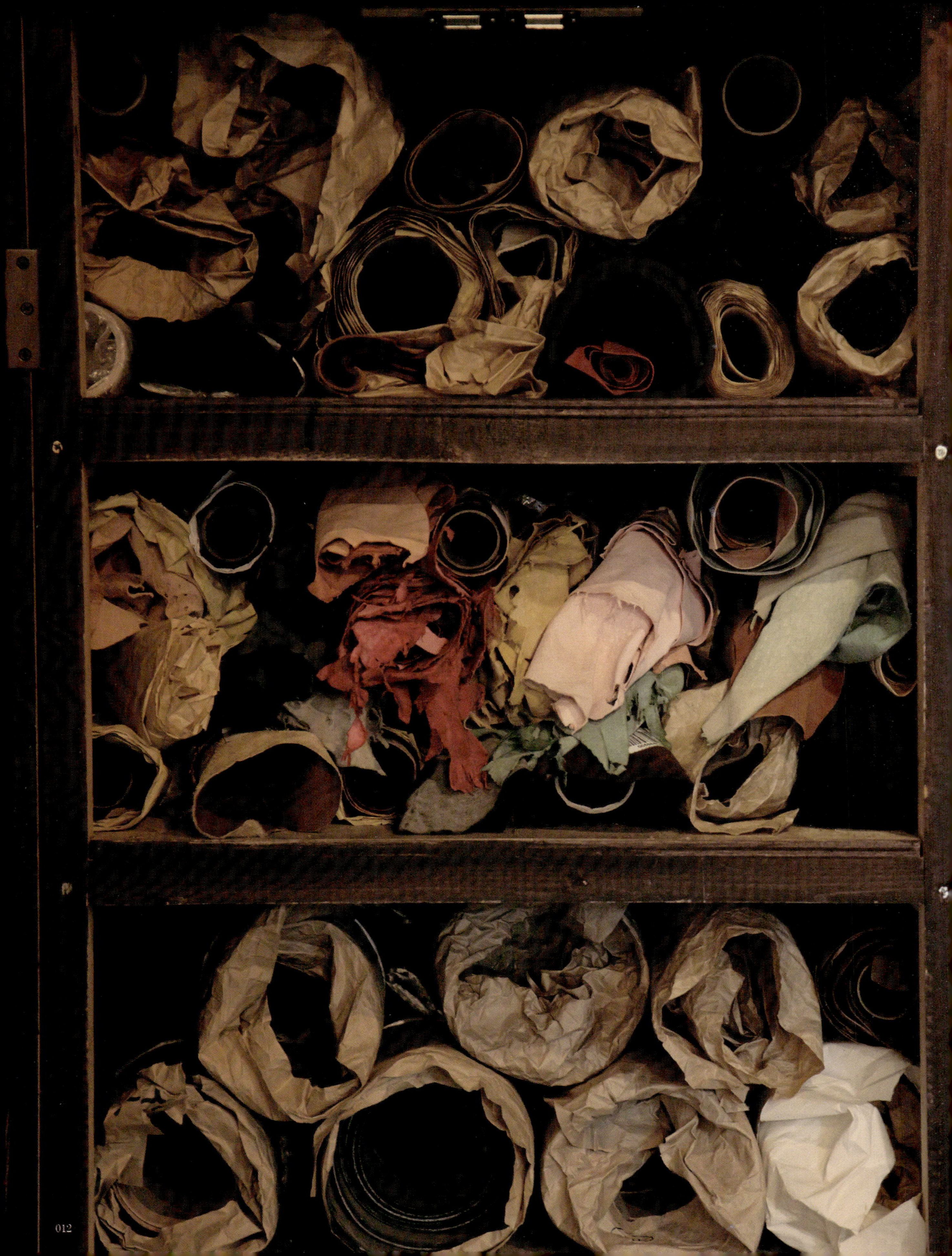

Chapter 1 Preliminary Knowledge

预备知识

医生包的制作流程及要点

本书根据“手缝皮包 TRUNK”龟田佳康的医生包制作过程编辑而成，面向一般读者，详细讲解了医生包的基本制作方法，并补足了各项信息。本书所介绍的医生包的制作方法，无须借助任何特殊设备，使用的工具和材料皆为市面上可以购买到的，任何人都可以进行挑战。但是，为了最大限度地呈现制作出的医生包的魅力，本书从专业制作者的角度对专业知识和技术进行了解说。也就是说，本书全面介绍了整个医生包的制作过程和技术，虽然任何人都可挑战，但并没有简化制作的难点或省略难以说明的地方。当然，若是能现场近距离观看龟田老师的制作，那么能获得更多书中难以表达的细节。

虽然不能说让任何人都能轻松制作，但“千里之行，始于足下”，只要每一个步骤都稳步处理，就一定能够提高成品的完成度。

在这里，本书对从开始到完成的所有步骤进行了简要的说明，请各位试着大概了解每一个制作过程和要点。这样便能提前一览整个制作流程，有利于之后的实际制作。

Ⅰ 了解各部件名称和整体构造

先浏览一下本书的各个章节，了解一下各个部件的构造，掌握制作整个医生包的大体情况。通过了解各个部件的相关知识，各位应该可以自行规划作业的节奏，练习需要练习的技巧，判断哪些部分需要他人的协助等。

Ⅱ 准备材料和工具

制作医生包所需要的主要材料为皮革、金属配件、钢制和铝制的扁铁、芯材等。书中各部件都标注了所需材料的种类和数量，依照此标准进行准备即可。制作医生包时，除了会使用到皮革工艺中一般的工具外，也会使用到一些特殊的只在某些作业中使用的工具。此外，口金加工还会用到专门的金工工具。之后的章节会对各个工具的用法和使用频率进行解说。

Ⅲ 整理作业环境

除了准备材料和工具外，还需要准备一个安静、宽敞的环境，只要有一般客厅大小的空间即可。作业会产生的主要问题有敲打时的噪声、飞散的粉尘、材料垃圾等。但是，只要多加注意，准备好吸尘器，作业后进行通风、换气，并在适当时间段作业，这些问题都可以妥善解决。如果能准备一个随时能供自己使用的场所，那么就更加方便了。

Ⅳ 多加尝试和练习

尝试和练习虽然并不是绝对必要的，但是还请各位一定要重视。通过模拟制作，能够加深对制作过程和医生包本身的理解。在正式制作之前，对重点部分进行练习，掌握基本的方法，尝试其他的方法，可以防止时间和资源的浪费。即便是职业匠人，在第一次制作一件作品之前，也会先用榔皮尝试制作样本。而制作的技巧越是熟练，作品的完成度也会越高。

Ⅴ 制作各部件

进入制作阶段，首先需要进行的便是各部件的制作。除了裁切、黏合、缝合、打磨等常见的皮革加工步骤和加工技巧外，一些部件中还会出现利用皮革的伸缩性制作具有立体感部件的方法。因为医生包几乎全是由皮革组成的，所以九成的作业都是在这个进度中完成的。

Ⅵ 安装锁扣

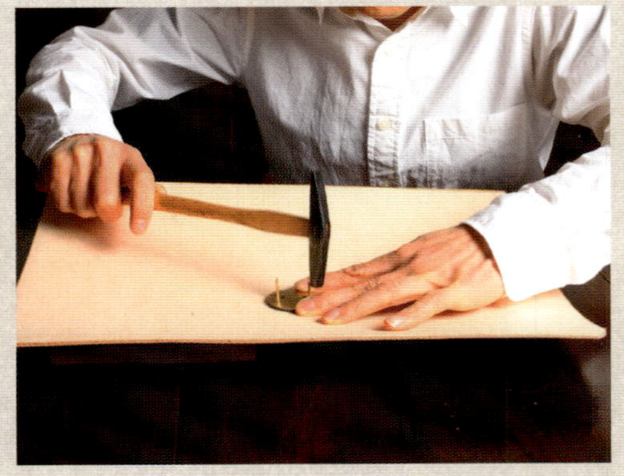

之所以把锁扣的安装作业单独作为一个步骤来介绍，是因为这项作业是制作过程中比较有特色的一项。虽然难度并不高，但是锁扣可以说是代表医生包身份的证明之一。因此，安装时务必小心、谨慎。本书中使用了“铆接”这种传统的技巧来安装锁扣。

Ⅶ 将金属条制作成口金框

从某种意义上讲，本书中的部件制作中最难的就是口金框了。因为要对不同材质的金属进行裁切、打孔、折弯等，这已经完全超出了皮革工艺的范畴，必须用到一些金工工具进行制作。因此，需要各位认真学习金工工具的解说。不过，口金框的制作不需要特殊的技术，制作过程也很简单，因此无须担心。

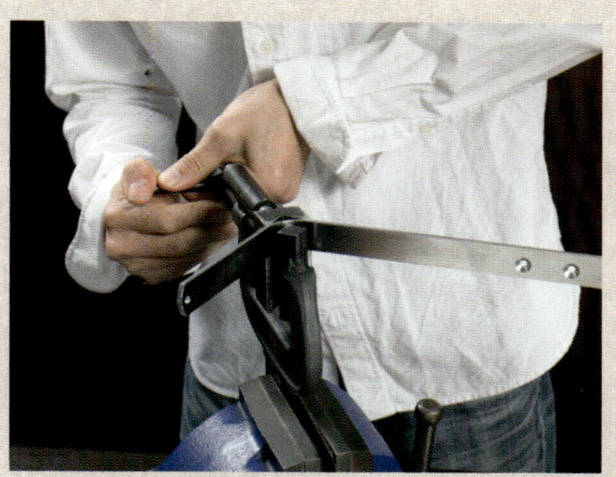

Ⅷ 组合

把之前制作好的部件组合起来，使包体成形，这是整个制作过程的高潮。一边想象着制作完成的样子，检查整个包体的平衡，一边将部件一一组合起来。坦白地说，相对于各部件的制作，这项作业并不困难。请各位以玩拼图游戏一般的愉悦心情来完成这项作业吧。

Ⅸ 使用

制作步骤结束，但并不代表医生包真正诞生。医生包只有被使用者拿到手里的那一刻，才真正展现出它的价值。无论是自己使用，还是赠予他人使用，随着时间的推移，医生包会越来越成熟，但并不会老化。手缝的皮包具有成长的潜质。因此，除了制作步骤的完成，还要加上使用者使用，一件医生包才算真正地诞生。

医生包的各部件名称与整体构造

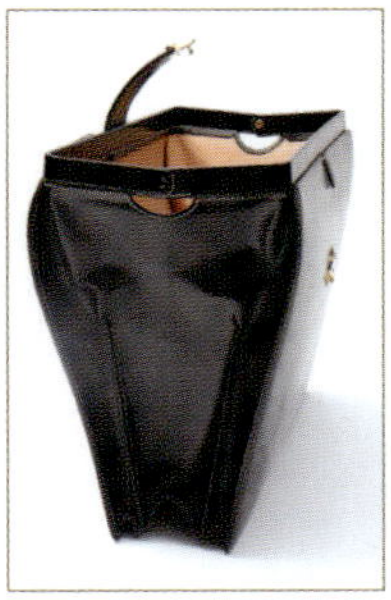

医生包的各部件
（按照本书制作顺序）

了解即将挑战的对象

在进入实际作业之前，要先对医生包的各部件进行检查。事先确认各部件需要的素材的种类、数量以及组合方式，这样在之后的作业中便能提高制作的效率。

此处将会以图片的形式说明各部件需要的素材的种类和数量，方便各位准备素材（注意，此处图片中的素材非实际大小）。在之后的制作过程中，如果对各部件的形状和组合方式有疑问，便可回到本节，再次研究确认。虽然组合各部件非常具有挑战性，但若能好好研究各部件，便能事半功倍。

如果将医生包的所有部件并列摆放开，你一定会被如此之多的数量所震撼。而这一个个小小的部件素材组合在一起，便可化身为一个坚固耐用的医生包。如此构造巧妙的医生包应该可以满足很多人的要求。

若能提前准备好所有部件的纸型，便能一口气从整张皮革（半裁皮或双肩皮）上裁切出所有的部件。裁切时，考虑各部件的功能和皮料的纤维延展方向，并最大限度地利用整张皮革，是手工皮具制作者的重要技术之一。

包身

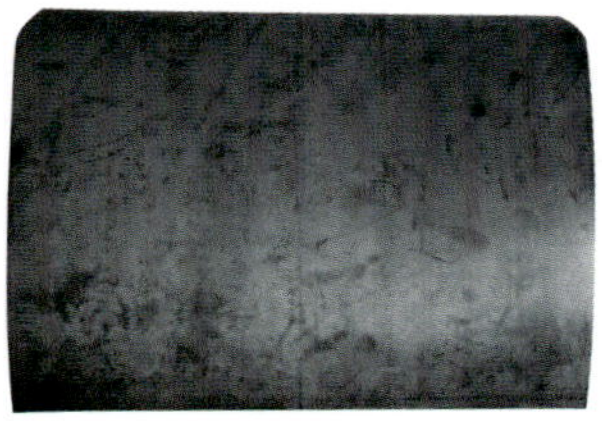

前包身 表革
（表面用皮革）

前包身 芯材

前包身 里革
（内里用皮革）

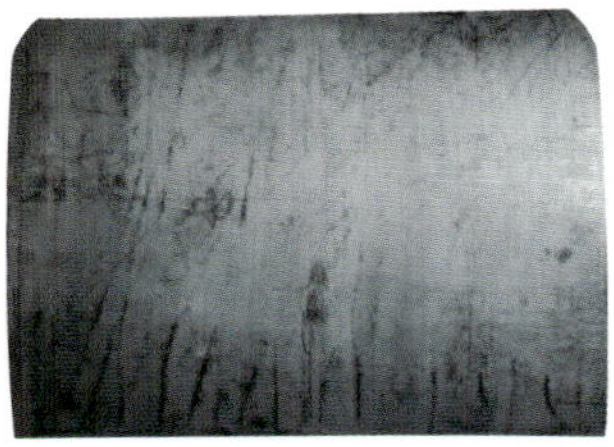

后包身 表革
（表面用皮革）

后包身 芯材

后包身 里革
（内里用皮革）

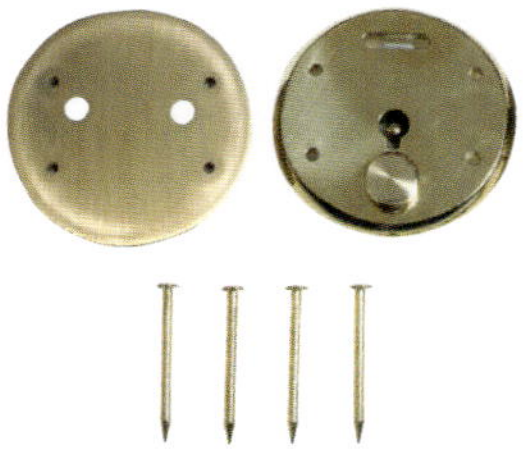

锁扣
（锁头）

锁头补丁革

前包身和后包身皆由表革、芯材、里革三层构造黏合而成。

包身包括前包身和后包身，前后包身皆由表革、芯材、里革三层构造黏合而成。乍看之下，前后包身的大小相同，但实际上后包身比前包身的尺寸略大。这点请一定要注意。此外，芯材与里革比表革的实际尺寸略小。锁扣的锁头安装在前包身，并在包身内侧贴上一块补丁革来隐藏凹凸处。

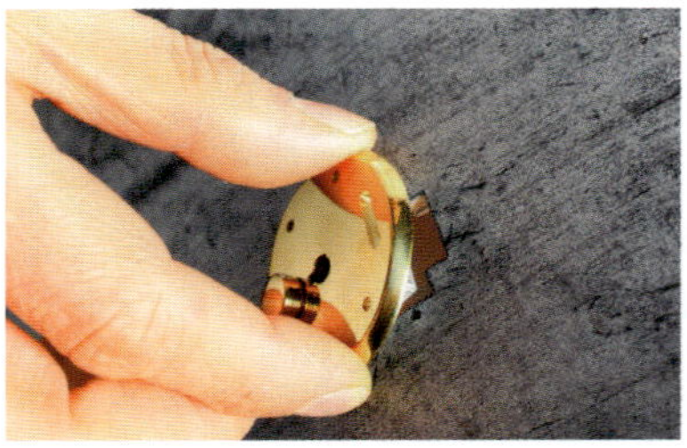

在前包身贴上里革前安装上锁扣。

裆部

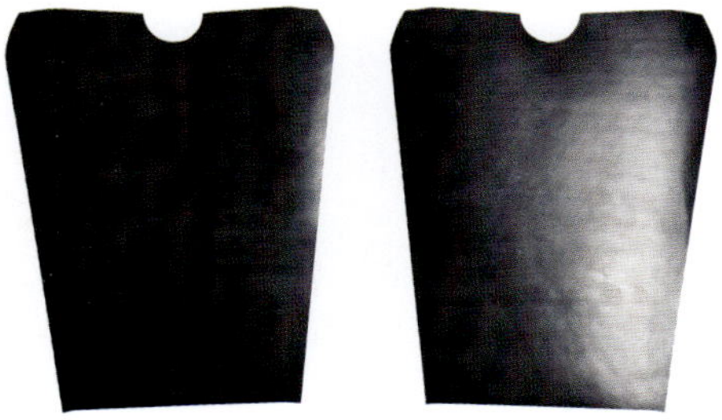

包侧裆部 表革
（表面用皮革）

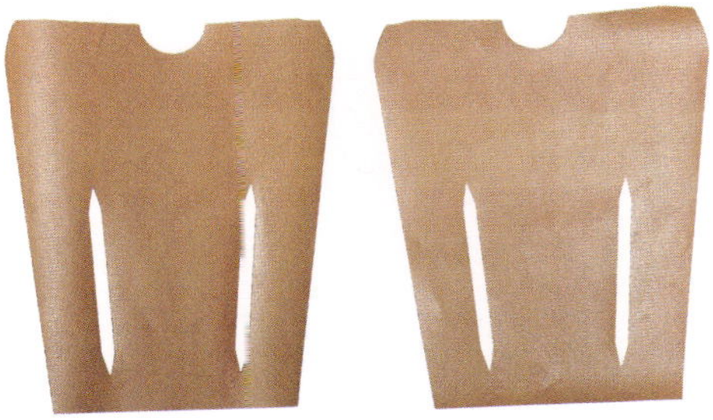

包侧裆部 里革
（内里用皮革）

包底裆部 表革
（表面用皮革）

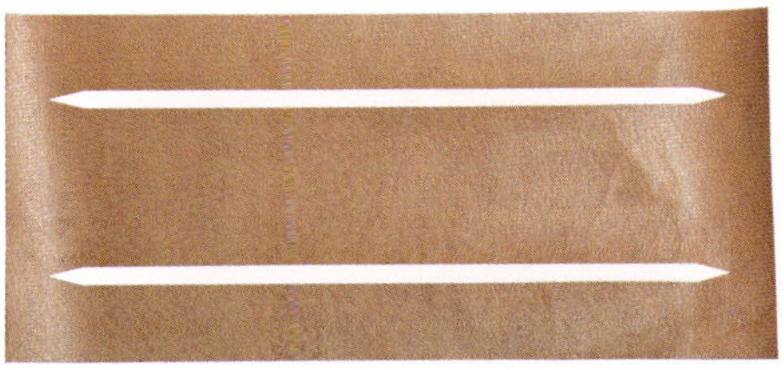

包底裆部 里革
（内里用皮革）

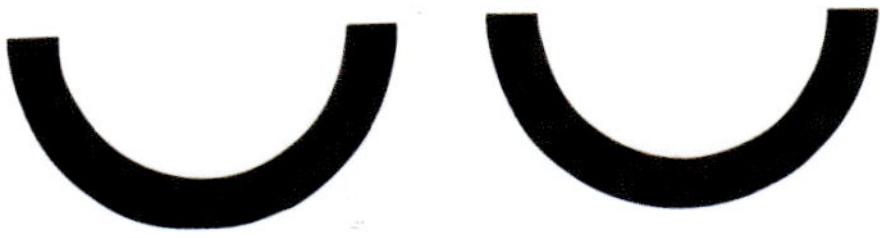

包侧裆部 补强革
（表面用皮革）

包侧和包底的裆部皆由表革与里革黏合而成，不使用芯材。此外，在包侧裆部的半圆形弯凹陷处，会安装上补强用的皮革。组装时，包底的裆部两端与包侧裆部连接在一起，缝合成“U”形。

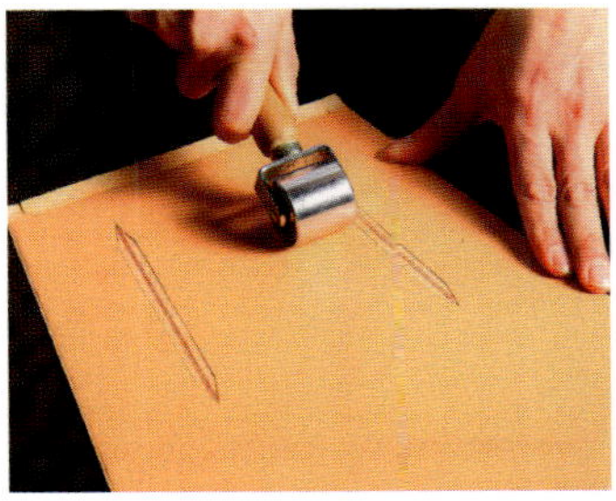

对齐裆部表革和里革的记号线，将其黏合在一起。

裆部部件处理完成后，在包底裆部的两端缝合上两侧的裆部，形成“U”形。

口金

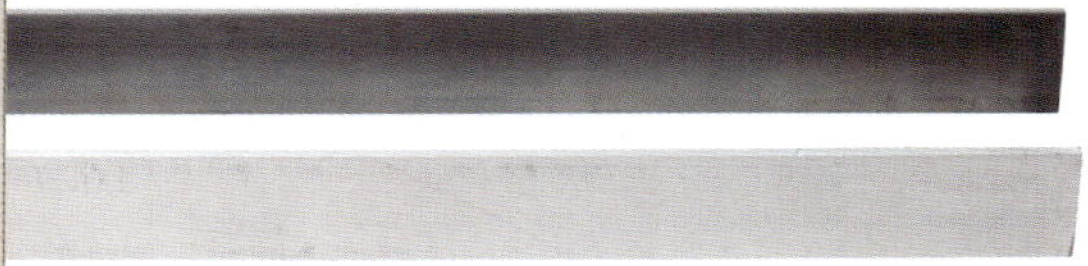

钢制扁铁、铝制扁铁
（制作口金用）

口金 包覆革
（表面用皮革）

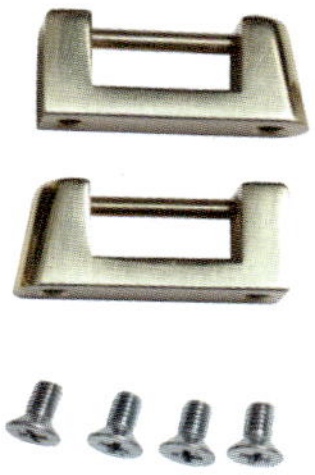

提手底座（拱桥）

口金 螺丝

口金 垫片
（表面用皮革）

螺丝头部 包覆革
（表面用皮革）

将钢制和铝制的扁铁折弯，制作成医生包用的口金框，然后在口金框上包覆上皮革。将内侧和外侧两个口金框组合在一起。用螺丝头部包覆革包裹住口金螺丝的头部，然后将口金螺丝插入两侧的轴孔中，进行固定。注意，插入前将口金垫片夹在两个口金框的结合处。最后，在外侧的口金框上安装提手底座，医生包的口金就完成了。

将扁铁制作成口金框，包覆上皮革。

将口金螺丝插入轴孔，固定住两个口金框。

提手

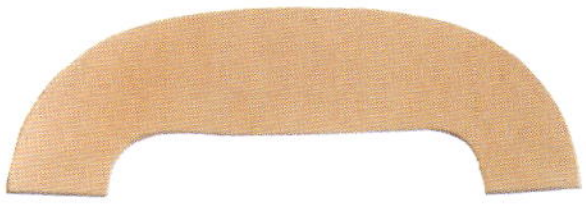

中心芯材
（表面用或芯材用皮革）

整体包覆革
（表面用皮革）

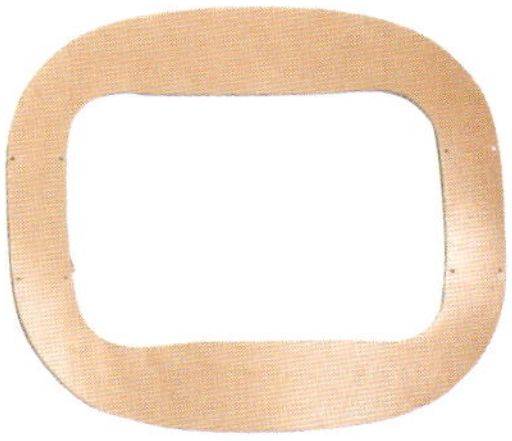

本型革
（表面用或芯材用皮革）

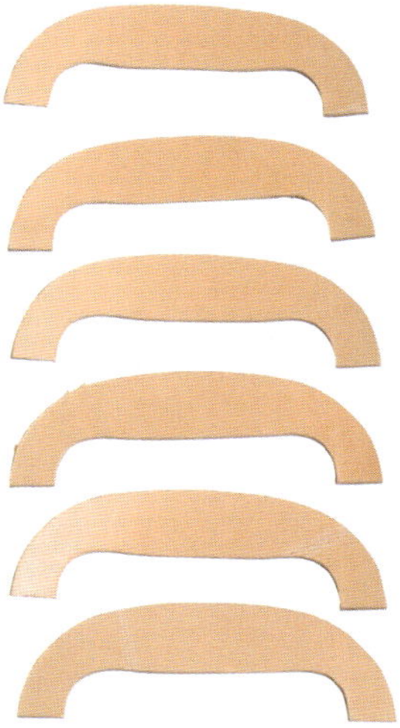

衬垫革
（表面用或芯材用皮革）

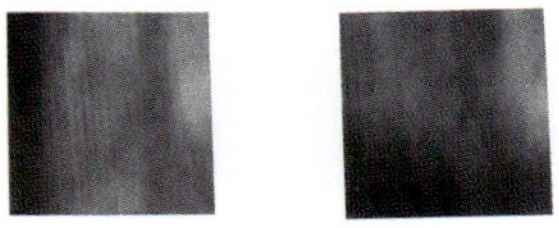

根部包覆革
（表面用皮革）

提手是手提包制作中最为复杂的部件之一，所用到的零件数量非常多。但只要理解了提手的构造，就不会觉得难了。

将本型革对折，以制作出提手的本体。对折时，在本型革的折弯处（两侧根部）包覆上皮革。在本型革的两侧贴上衬垫革，在折弯结合处夹上中心芯材，以增加提手的厚度。待全部零件组合完成后，给整个提手包覆上皮革。

在本型革两侧贴上已经成形的衬垫革。

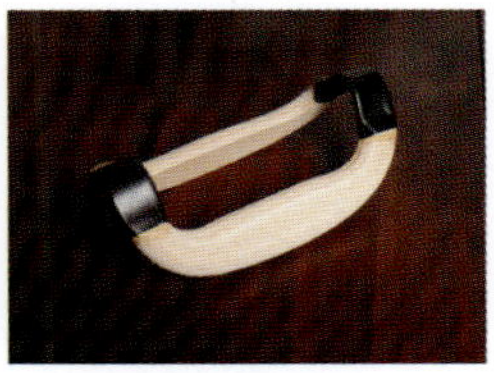

将本型革对折，在折弯处（两侧根部）包覆上皮革。

在本型革对折结合处夹上中心芯材，做成提手的形状。

给整个提手包覆上皮革。

隔板·底板

隔板 表革
（内里用皮革）

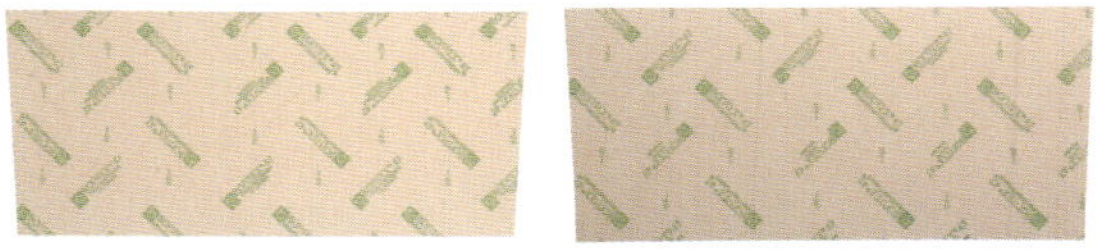

隔板 芯材

隔板 上边包覆革
（表面用皮革）

底板 表革
（内里用皮革）

底板 芯材

底板 拉手
（表面用皮革）

在隔板芯材的两面贴上猪皮，制作成两块形状相同的隔板。在两块隔板的上边边缘包覆上表面用皮革。分别在两块底板芯材的其中一面上贴上猪皮，并将四周折边以包住边缘，制作出两块底板。将两块底板以芯材朝内的方式对齐黏合在一起就完成了。将拉手缝在黏合后的底板上。注意，只有隔板和底板的表面使用的是内里用皮革。

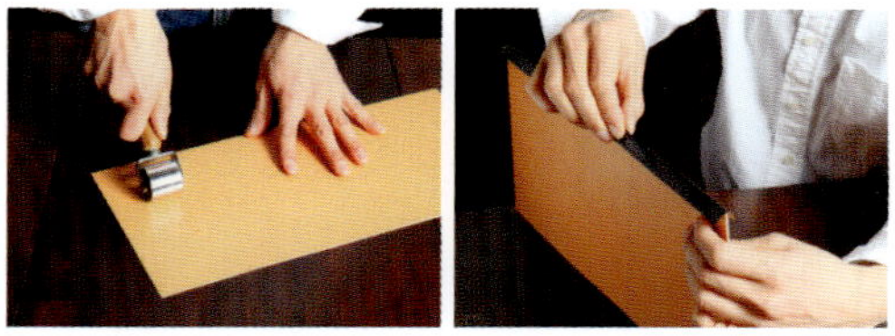

在隔板芯材的两面贴上猪皮，上边边缘包覆上表面用皮革。

在两块底板芯材的其中一面上贴上猪皮，然后对贴成一块底板。同时，将拉手缝在黏合后的底板上。

其他

舌扣表、舌扣里
（表面用皮革）

锁扣
（面盖）

包身 拉手表、拉手里
（表面用皮革）

钥匙套本体
（表面用皮革）

钥匙套绳子
（表面用皮革）

钥匙

缝合舌扣表里用皮，在前端安装锁扣面盖。缝合包身拉手表里用皮，制作成拉手，并安装在包身上。对折钥匙套葫芦形的本体零件，并缝合两侧，制作出钥匙套。对折钥匙套细绳用皮，缝合后裁切成细绳。套上钥匙套。细绳的另一端则于整个包完成后系在提手上。

缝合舌扣表里用皮，在前端安装锁扣面盖。

缝合包身拉手表里用皮，制作成拉手。

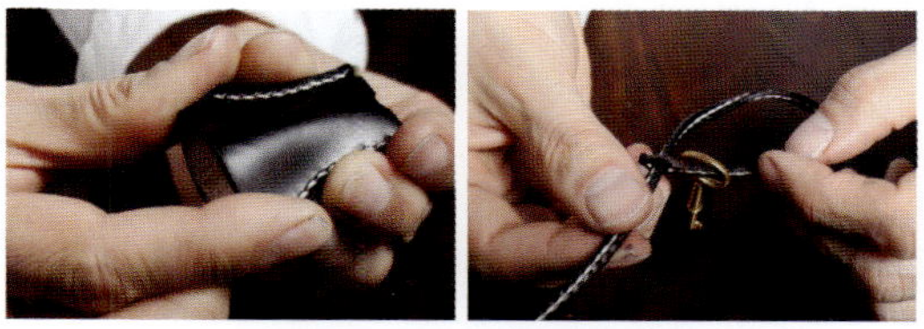

将钥匙套本体缝合成袋状。对折钥匙套细绳用皮，缝合后裁切成结实的细绳。将钥匙套在细绳的一端。

Chapter 2
Arrangement

准备

材料准备

本节将会介绍医生包所用到的所有材料。除了金属配件和口金框为金属材质，其他皆为皮革等天然材料。制作中所使用到的黏合剂和缝线也是由天然材料制成。如果对于这些材料有所讲究，不妨仔细研究一下这些材料。

需要特别注意的一点是皮革的选择。皮革的质感会直接影响皮包本身的质感，因此，应尽量选择高品质的皮革。当然，选择皮革时也需要考虑到预算情况。此外，选择皮革不仅仅是看外观，也需要考虑到加工难易度。

虽然只要满足一定的条件，很多皮革都能使用，但有些皮革容易制作，有些皮革制作起来需要花费很多功夫。建议初学者从容易制作的皮革开始挑战。此处所介绍的所有材料皆为市面上可以买到的物品。由于种类繁杂，建议您仔细观察，用手触摸，选择理想的材料。

金属配件

本书使用的金属配件有锁扣、提手底座和口金螺丝 3 种。锁扣的上锁方式有很多，本书使用的锁扣是将面盖的爪子插入锁头的卡榫中以上锁的类型，由钥匙开锁。选择与其相似的种类和大小的锁扣即可。锁扣的固定方式有钉子固定、螺丝固定、折脚固定等类型，本书使用的锁扣是用钉子固定的方式。提手底座又叫拱桥，用小平头螺丝固定在口金框上，以安装提手。本书使用的是 20~21mm 宽的提手底座。口金螺丝是连接两个口金框的活动轴，由螺丝和螺母两部分组成。本书使用的是医生包专用的中号口金螺丝。虽然金属配件的尺寸合适就可以使用，但建议选择与皮包其他素材和颜色相搭配的款式。这些类似的配件在各大手工皮具材料工具店和五金商店均可购买到。

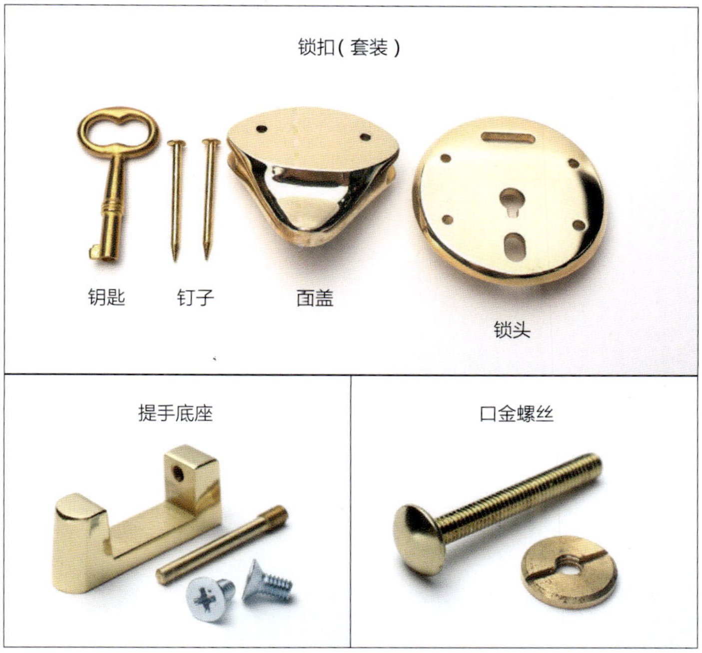

※ 本书使用的金属配件为 TRUNK 的原创产品，并未于市面上售卖，敬请谅解。

金属条（制作口金框用）

制作口金框用的扁平的板状金属条俗称扁铁。外侧口金框上会安装上提手，需要一定的抗压强度，因此应使用钢制的扁铁。内侧口金框无承压部分，为了减轻整个包的重量，使用铝制的扁铁。外侧口金框（钢制）使用厚 3mm、宽 19mm 的扁铁，内侧口金框（铝制）使用厚 3mm、宽 20mm 的扁铁。长度皆使用 700mm 就足够了。医生包的口金有固定的规格，可五金店订制，也可在网上直接购买到成品。

使用的皮革

表面用皮革

主要用于手提包的表面，关系到整个包的外观，非常重要。推荐使用植鞣革。除了自然质感的原色植鞣革外，彩色透染、擦蜡等高级感很强的植鞣革也与医生包非常搭配。此外，越是强韧的皮革，制作出的皮包的挺立感越强，越不容易变形。因此，建议初学者从具有一定柔韧性的皮革开始做起。本书使用的是英国马鞍革，与医生包的外观和气质非常搭配。但由于马鞍革非常强韧，制作起来较为困难。

关于削薄

纸型上记载有各部件皮革的厚度，这是制作者为提升加工性和成品的质感，对各部件的皮革厚度所做的调整。因此，各位在进行制作时，仍需要根据实际的状况对各部件的皮革厚度进行调整。如果您没有条件进行削薄作业，也无法利用削薄服务，那么制作起来就很困难。这时只要准备多种厚度的皮革，并恰当地选择使用，也能顺利完成作品。以本书纸型所记载的皮革厚度为基准，试着创造出自己的标准吧！

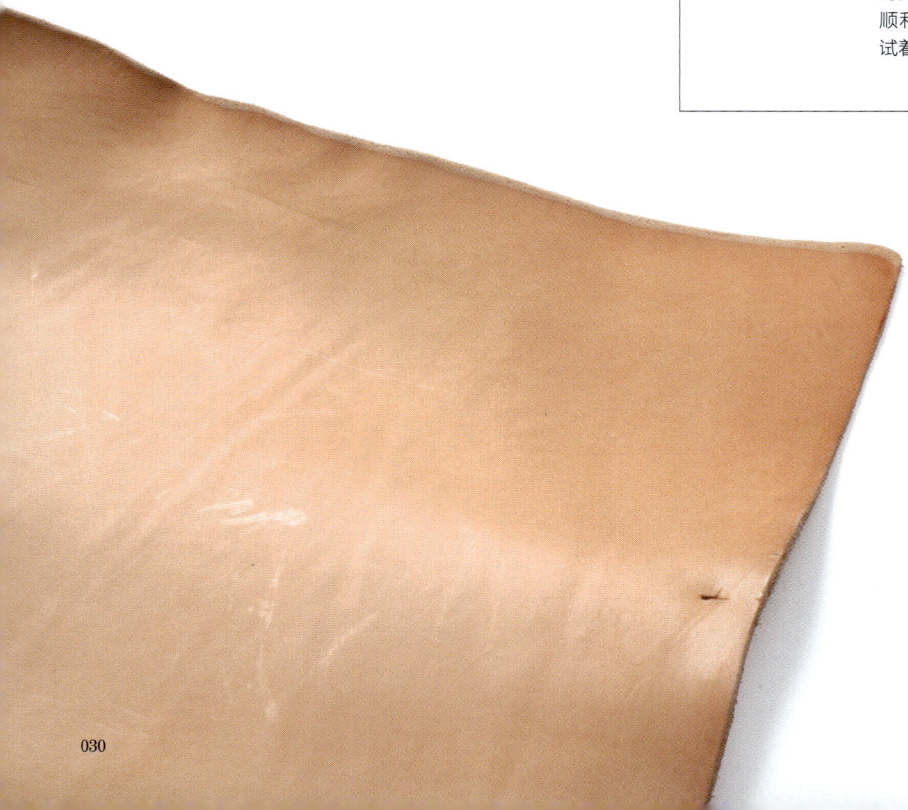

芯材用皮革

此处介绍制作提手时芯材所用的皮革。若是使用上面所介绍的表面用皮革也没有问题。表面用的马鞍革具有很强的硬度和张力，但芯材宜使用比之稍微柔软一点的皮革，因此使用普通植鞣革或榔皮（没有皮面层的廉价皮革）会更好。本书使用的芯材用皮革约 3mm 厚。衬垫革、中心芯材、本型革可使用此类皮革。纸型上标记为：芯材用皮革。

内里用皮革

内里用的皮革要轻、薄、耐磨，本书使用的猪皮就非常适用。猪皮的价格便宜，且容易进行处理，用于内里时非常具有高级感。这里使用的猪皮是日本当地所生产的皮革。内里用皮革的颜色请选用与表面用皮革相搭配的颜色。底板和隔板需要使用此类皮革。纸型上标记为：内里用皮革。

芯 材

包身、隔板、底板使用到的芯材，皮革材料店和手工艺商店均有售卖。具体来说，这是一种名为“BONTEX”的专用芯材，厚约1mm。市场上也有材质和厚度与其类似的素材，可以多加尝试。如果改变使用芯材的厚度和数量，则部件的张力和质感也会产生差异。虽然厚纸板也可作为芯材，但其没有弹性，因此仅适合用于皮包制作。纸型上标记为：芯材。

工具准备

本节将会介绍制作医生包所需使用的工具。虽然备齐全部需要的工具是最理想的，但有些工具可以用已有的工具所代替，有些非必需的工具也可以忽略，甚至有些工具可视情况换为自己用得顺手的工具。因此，此处会尽可能地说明各种工具的用途和使用频率，以让读者自行判断，选用适合自己的工具。

这里将工具分为三个类别进行解说。一是皮革工艺中经常使用的工具，即使用频率最高的“基本工具”；二是制作医生包时会用到的一些“特殊工具”，视情况可替换为其他工具；三是制作口金用的“金工工具”。

基本工具

基本工具是医生包的制作过程中常会使用且使用频率高的工具。如果你不能一下子备齐所有的工具，那么优先购买这些基本工具，作业才能顺利进行。注意，之后的制作过程介绍页面中将不再详细解说这些基本工具。

裁切等作业

圆锥主要用于在皮革上戳出圆孔、做记号、画线等，是使用频率超高的工具之一，务必要准备一支。菱锥与圆锥相似，刀刃断面为菱形，主要用于在皮革上戳出手缝用的线孔。牛骨棒主要用于起鼓和塑形，也常用来按压黏合部位。直尺的用途就不用多说了。裁皮刀和美工刀都是裁切皮革的工具，使用哪一种都可以。不过，裁皮刀可以用来削薄，美工刀可以用来刮粗，因此，最好将两种工具都备齐。玻璃板常用于打磨皮革肉面层。此外，削薄作业中也会用到。

黏合作业

本书在黏合作业中使用的黏合剂主要是合成橡胶系橡胶糊，黏着力非常强。因为皮革富有张力，因此，临时固定时不适合使用橡胶糊。这时可以使用木工用白胶，注意对齐贴合。上胶片主要用于蘸取、抹开黏合剂，是黏合作业中不可或缺的工具。推轮的前端可以滚动，通过对黏合后的皮革进行平均施压，使黏合剂完全发挥其黏着力，以达到确实黏合的目的。

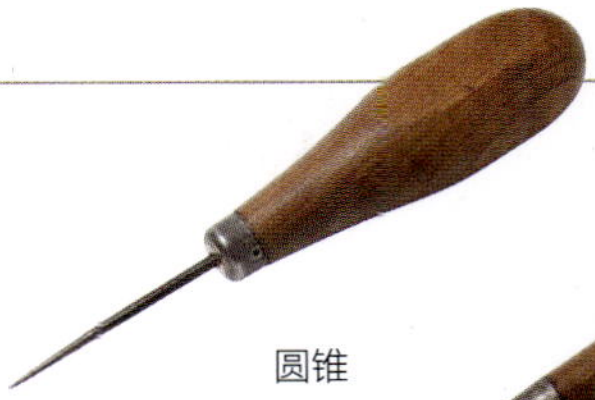
圆锥

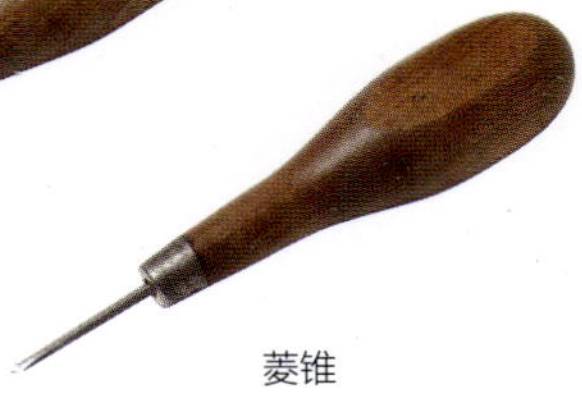
菱锥

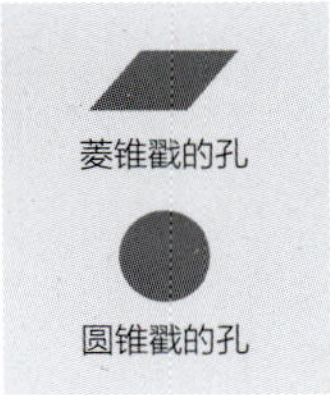

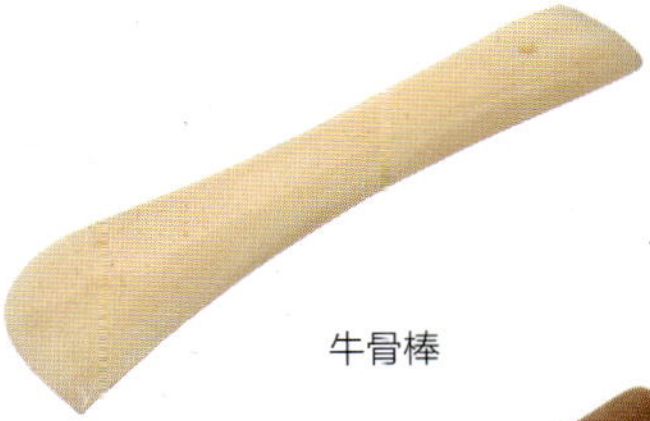
牛骨棒

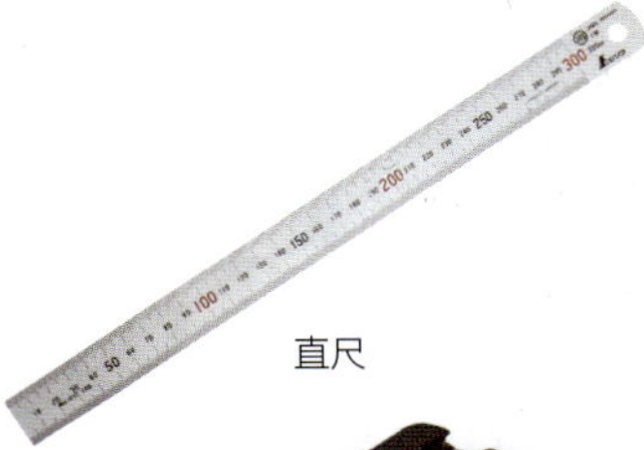
直尺

裁皮刀

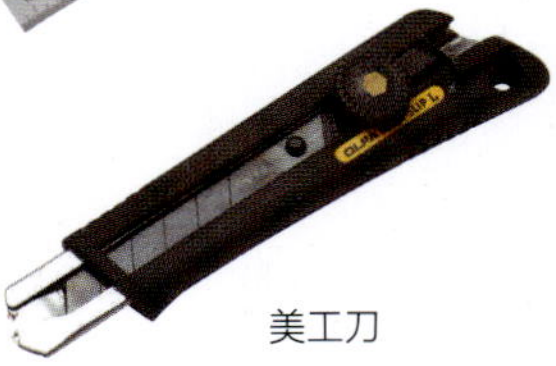
美工刀

玻璃板

橡胶糊（强力胶）

上胶片

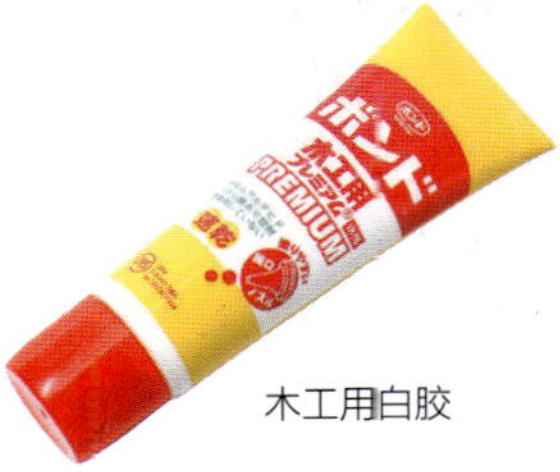

木工用白胶

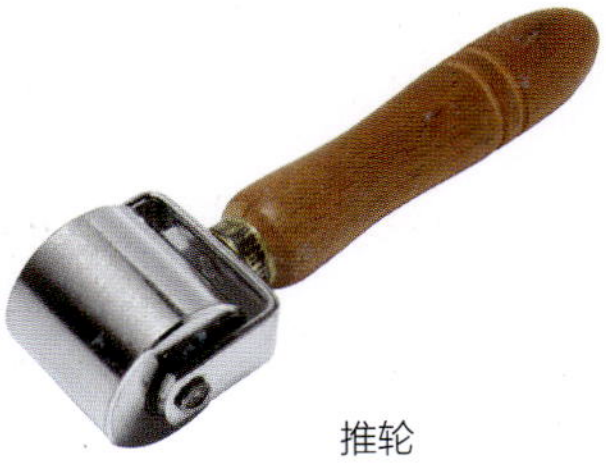
推轮

缝合作业

进行手缝作业前，需要先使用**边线器**画出等宽的缝线记号。将可调式边线器的一边靠在皮革侧边上，另一边的前端在皮革上画出缝线记号。根据边线器画出的缝线记号，用**菱斩**打出线孔。菱斩的斩脚为等距排列，因此可以打出整齐的线孔。根据斩脚的数量和间距的不同，菱斩又分为很多型号。本书中使用的是间距约为 4mm 的 2 齿菱斩和 9 齿菱斩。斩脚越多，打出的线孔就越密集。敲打菱斩时需要使用**木棒**或**木锤**。木棒只是一块密度较高、重量较重的实木木棒，可以自制。木锤的种类有很多种，在各大手工材料工具店均可以购买到。

手缝固定夹可以将需要缝合的皮料固定住，以便于双手进行缝合。**手缝针**和**手缝线**均为皮革工艺专用。在手缝线的两端穿上手缝针，便可以进行缝合作业了。手缝线有麻线、尼龙线等种类，本书使用的是天然的麻线。手缝线有多种粗细，粗细用数字表示。数字越小，缝线越粗。缝线的粗细会使针脚给人带来不同的印象。本书使用的是 3 条 20 号的缝线捻成的缝线（约与 7 号缝线的粗细程度相同）。此外，为了防止手缝线磨损及沾染污垢，在使用前会将手缝线擦上**线蜡**。市面上也有销售已经擦好线蜡的成品蜡线。用一般的剪刀即可剪断手缝线。若是使用**弯刃剪刀**，便可更漂亮地进行收尾。

边线器

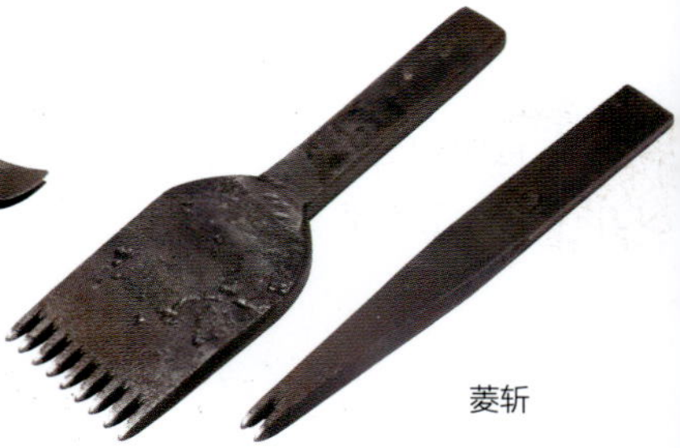
菱斩

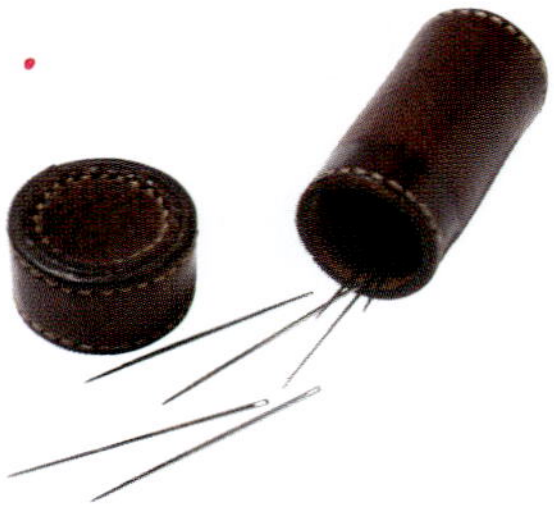
手缝针

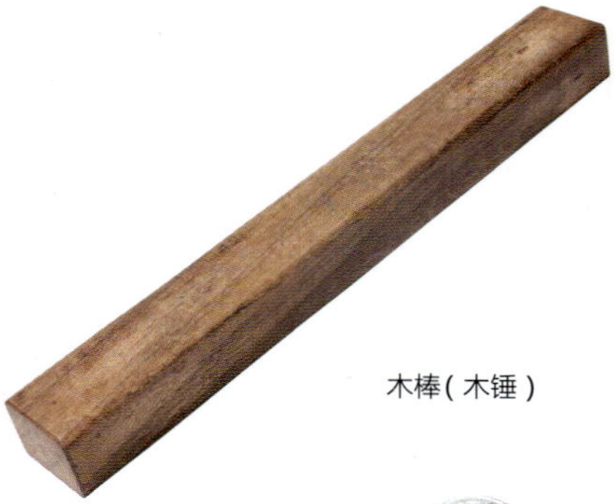
木棒（木锤）

手缝固定夹

线蜡

手缝线

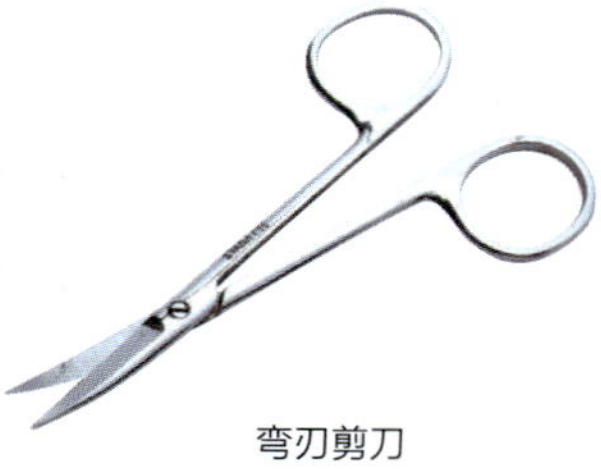
弯刃剪刀

侧边处理

皮革的断面又称为侧边，断面常有棱角、毛糙等，因此需要进行处理。本书中的医生包的侧边进行了染色，并打磨出了漂亮的光泽。有时也会运用内缝法或包边法来隐藏侧边。

刨子可以将黏合两片以上皮革的侧边削平整。**砂纸**可以将侧边打磨光滑。依次使用150目、400目的砂纸（数字越大，颗粒越细）进行打磨，就可以将侧边打磨得光滑、漂亮。将砂纸贴在四角海绵上，打磨直线和曲线部位会更加方便、高效。

在侧边上涂抹上喜爱的**染料**，可以使侧边更加漂亮。给侧边染色时，根据主体皮面层的颜色，选用同色系或较深一点颜色的颜料，可以使侧边与主体相得益彰。涂抹时使用棉签会更加方便。

将侧边打磨光滑后，需要在侧边涂抹**边缘处理剂**，然后用**布**进行打磨。如果你想使用纯天然的素材，可以用“赤菜”（一种海藻）的汁液来代替边缘处理剂。涂抹边缘处理剂可以使侧边变得较为硬朗，打磨后会更加光滑、漂亮。涂抹边缘处理剂后，用布进行打磨即可。布的种类很多，帆布、棉布，甚至是旧T恤，都可以。

装饰边线器如同熨斗一般，加热之后可以将侧边处理得更加强韧，同时也能对侧边加以装饰。用加热后装饰边线器蘸上**蜂蜡**，然后均匀涂抹在侧边上，可以给侧边包边并上光。加热时可以使用无烟的**酒精灯**。

刨子

染料

砂纸

边缘处理剂（赤菜）

布

蜂蜡

酒精灯

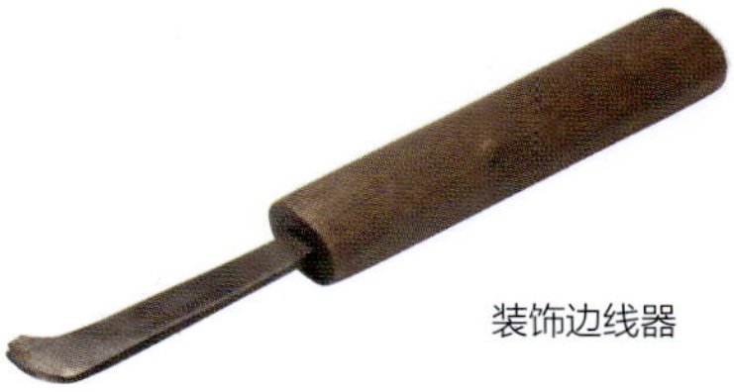
装饰边线器

特殊工具

特殊工具是指在一部分作业中会使用到的工具。有些是必需的工具，有些则是非必需的，请各位根据实际情况自行选择。

剪钳和**铁锤**主要是在安装锁扣时和组合口金框时使用。用锤子敲击剪断后的钉子头或螺丝头，进行铆接处理，便可进行固定。螺丝型和折脚型的锁扣虽然不需要用到这两件工具，但是组合口金框的轴孔螺丝却要进行铆接处理，所以剪钳和铁锤是必备的工具。锤子使用金工用的小铁锤即可。

单平斩是在前包身上打出安装锁头的孔洞时非常便利的工具。虽然用美工刀也能切割出，但用单平斩可以提高工作效率。

圆斩用来打出圆孔。虽然只在一部分作业中出现，但是圆斩是必备的工具。安装提手座用的是 ϕ2.5mm（ϕ= 直径）的圆斩，锁扣的钉子用的是 ϕ2mm 的圆斩，钥匙套上的孔用的是 ϕ5mm 的圆斩，制作口金垫片用的是 ϕ3.5mm 和 ϕ12mm 的圆斩，制作螺丝头部包覆革用的是 ϕ16mm 的圆斩。

铆接时需要在专用的打台上进行作业。本书使用的是皮革工艺专用的**万用环状台**。使用时，还要在中间垫上皮革，以保护金属配件。

组合口金框和安装提手时使用的都是**一字螺丝刀**，安装提手座则使用的是十字螺丝刀。

卡尺非必备的工具，但是想精确测量皮革的厚度，那么卡尺绝对是极为便利的。

剪钳

铁锤（金工用）

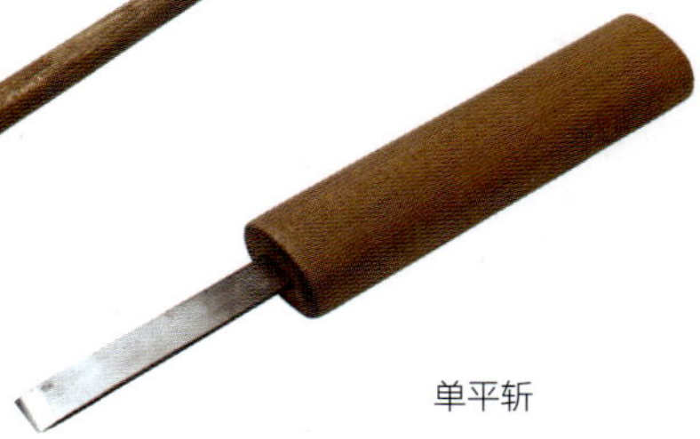

单平斩

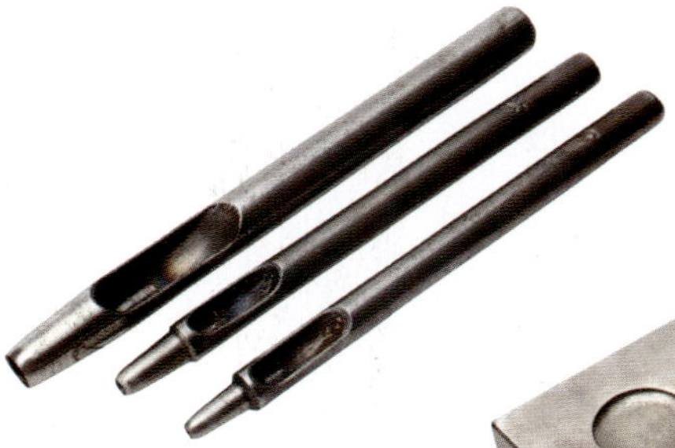

圆斩

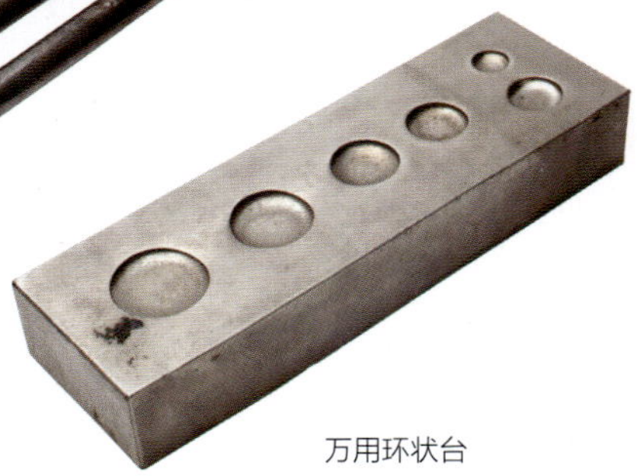

万用环状台

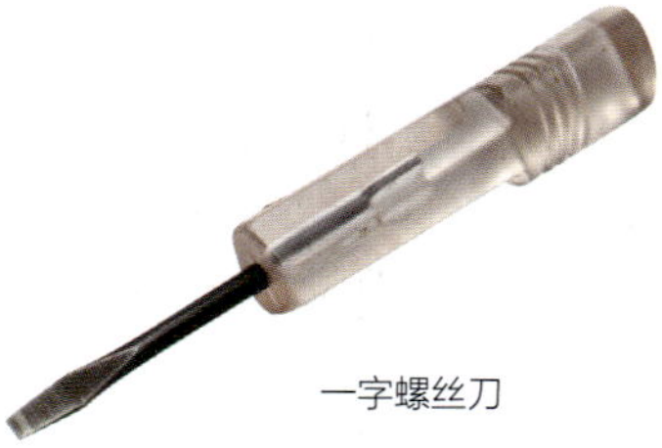

一字螺丝刀

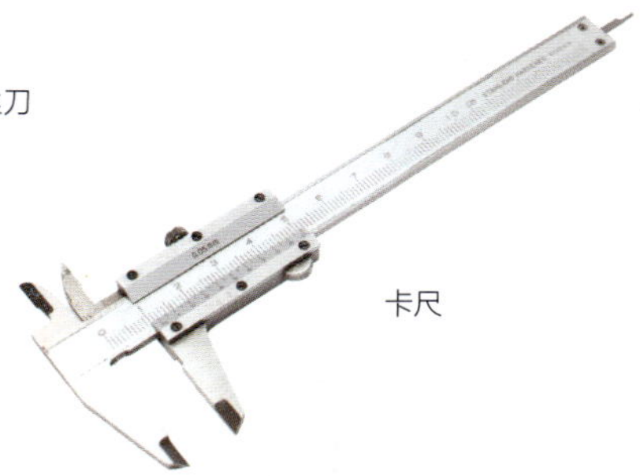

卡尺

0.05mm
CM

金工工具

最后介绍制作口金框时所要用到的金工工具。

中心冲是在钻孔前在钻孔部位打出一个小凹槽的工具。可以避免钻头的尖部偏离。木工作业平时也会用到，可以有效提升钻孔的精确度。

电钻是钻孔时必需的工具，一般的电动工具商店或五金店都可以买到。此外，机器型的钻床可以大大提升作业效率。电钻必须安装上合适的钻头才能进行作业。本书中使用的是 ϕ4mm 的**金工用钻头**和**倒角钻头**。注意，不要误买成木工用的钻头了。

固定口金框时需要使用到**台虎钳**或 **F 形夹钳**等工具。如果 F 形夹钳的尺寸太小，可能会夹不住工作台。因此，若使用 F 形夹钳，则要选择尺寸较大的款式。

折弯口金框时需要使用到**手动弯板钳**。利用这件工具可以轻松地折弯金属条，并进行微调。比起用锤子敲弯或用手折弯，使用手动弯板钳更加方便，初学者可以轻松做出精确的形状。

裁切口金框时需要使用到裁切金属专用的**金工线锯**和打磨裁切面的**金属锉**。金属锉分为粗颗粒和细颗粒两种类型。

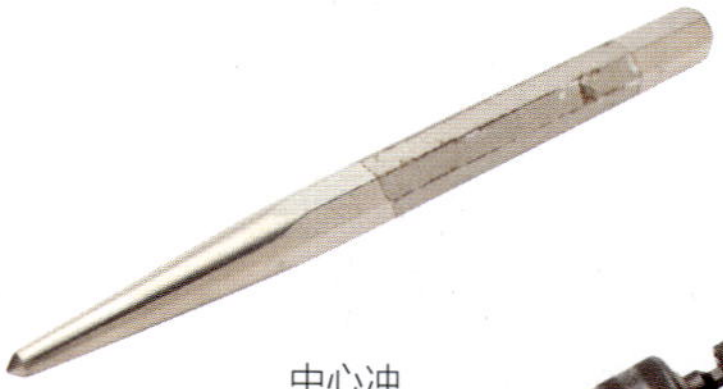

中心冲

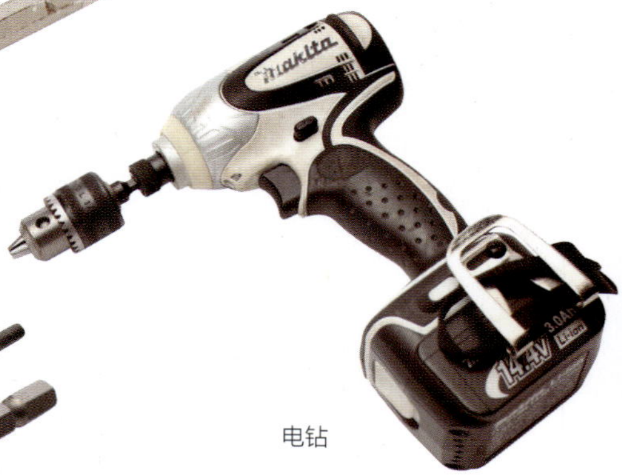

电钻

金工用钻头、倒角钻头

台虎钳

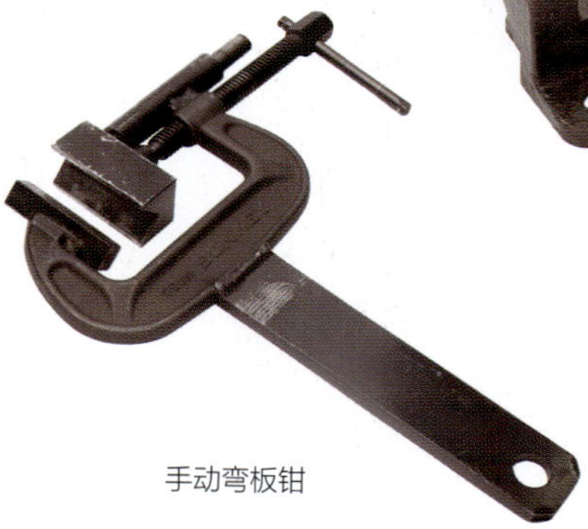

手动弯板钳

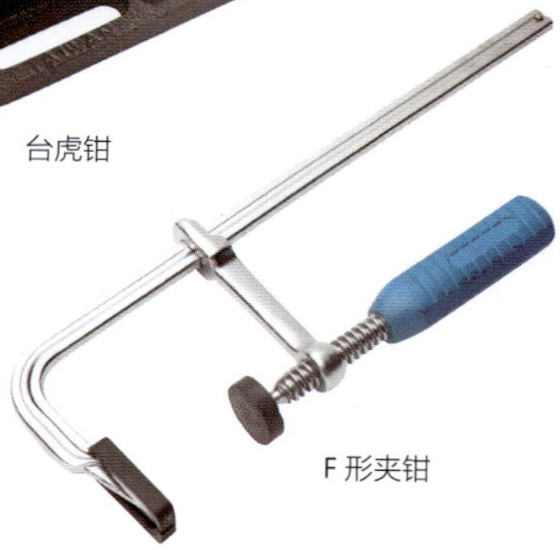

F 形夹钳

金工线锯

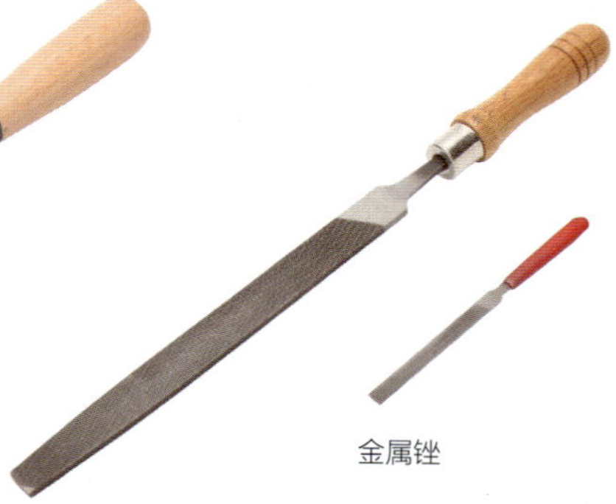

金属锉

检查&计划

准备好必需的工具和材料后，请认真检查一下，并做好充分的计划吧。工具可以一下子准备齐全，也可以在制作过程中适当追加，说不定你会在制作过程中发现更加适合的工具。在真正开始前，做好了充分的准备，相信制作作业一定会进行得非常顺利。下一页列出了工具、材料以及各部件的项目清单，希望能够对各位有所帮助。

制作医生包前，请确实掌握“医生包的制作流程及要点”（P14）一节的内容，认真思考每个流程需要准备的物料，拟订周密的制作计划。列出各个流程的先后顺序，并按照顺序逐个突破吧。本页下方我们列出了几个重点提示。

关于制作医生包的工具、材料、流程，本书做了非常详细的介绍，接下来就需要各位充分发挥自己的制作热情了。从哪里开始制作都可以，但首先要迈出第一步，勇敢地向着制作出属于自己的医生包的目标前进吧。

了解特定作业中的特殊工具，有利于拟订制作计划。

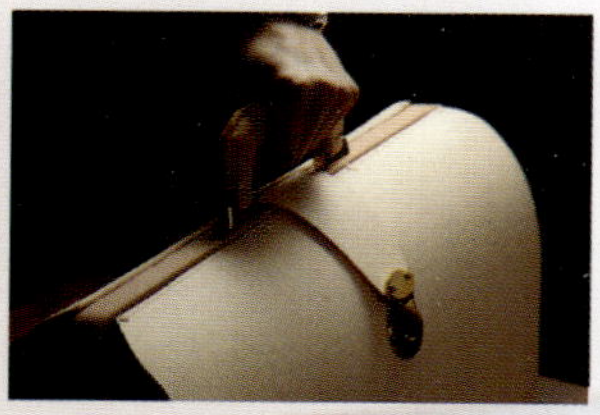

尝试制作并体验原型，有利于拟订出更完美的计划，并提高成品的完成度。

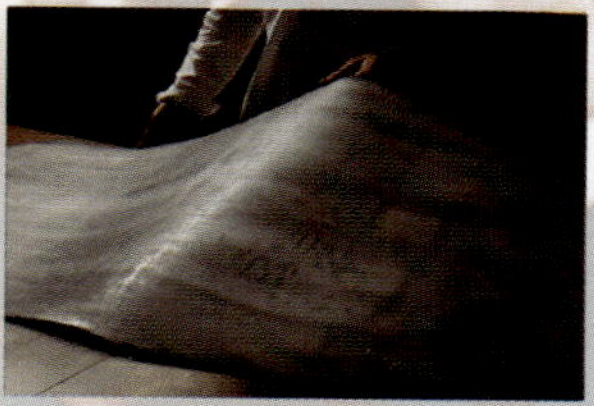

判断材料优劣的眼光，需要经验的积累，才能变得敏锐。

从容易制作成功的部件开始尝试不失是一个好办法。即使浪费了一点儿皮革，却能获得实实在在的经验。

准备项目清单

工 具

准备好挑战医生包所需要的所有工具以及替代品了吗？

※ 此处对使用频率高的工具做了“☆”标记。

基本工具

●裁切等作业

- ☐ 圆锥☆
- ☐ 菱锥☆
- ☐ 牛骨棒☆
- ☐ 直尺☆
- ☐ 裁皮刀☆
- ☐ 美工刀
- ☐ 玻璃板☆

●黏合作业

- ☐ 橡胶糊（强力胶）☆
- ☐ 上胶片☆
- ☐ 木工用白胶☆
- ☐ 推轮

●缝合作业

- ☐ 边线器☆
- ☐ 菱斩☆
- ☐ 手缝针☆
- ☐ 木棒（木锤）
- ☐ 手缝固定夹☆
- ☐ 线蜡☆
- ☐ 手缝线☆
- ☐ 弯刃剪刀

●侧边处理

- ☐ 刨子
- ☐ 染料☆
- ☐ 砂纸
- ☐ 布☆
- ☐ 边缘处理剂（赤菜）☆
- ☐ 蜂蜡
- ☐ 酒精灯
- ☐ 装饰边线器

特殊工具

- ☐ 剪钳
- ☐ 铁锤（金工用）
- ☐ 单平斩
- ☐ 圆斩☆
  - ☐ ϕ2mm
  - ☐ ϕ2.5mm
  - ☐ ϕ3.5mm
  - ☐ ϕ5mm
  - ☐ ϕ12mm
  - ☐ ϕ16mm
- ☐ 万用环状台☆
- ☐ 一字螺丝刀☆
- ☐ 十字螺丝刀☆
- ☐ 卡尺

金工工具

- ☐ 中心冲
- ☐ 电钻☆
- ☐ 钻头☆
  - ☐ ϕ4mm 钻头（金工用）
  - ☐ 倒角钻头
- ☐ 虎头钳
- ☐ F 形夹钳☆
- ☐ 手动弯板钳☆
- ☐ 线锯（金工用）☆
- ☐ 锉刀☆
  - ☐ 粗糙
  - ☐ 精细

材 料

用于制作医生包的材料全部准备好了吗？准备的数量充足吗？

- ☐ 表面用皮革
- ☐ 内里用皮革
- ☐ 芯材用皮革
- ☐ 扁铁（口金用）
  - ☐ 钢制（外侧）
  - ☐ 铝制（内侧）
- ☐ 金属配件
  - ☐ 锁扣
  - ☐ 提手底座（20~21mm 宽）
  - ☐ 口金螺丝（中号）

各部件

制作完成后检查各部件。

- ☐ 钥匙套
- ☐ 拉手
- ☐ 舌扣
- ☐ 隔板
- ☐ 底板
- ☐ 提手
- ☐ 裆部
- ☐ 包身
- ☐ 口金

Chapter 3

Making of each part

各部件的制作

Key Case

钥匙套

在这里，首先要制作的部件是挂在提手上的用来装锁扣钥匙的钥匙套。钥匙套所用的皮革与包的主体皮革相同，因此，有着非常强的统一感。钥匙套的结构简单，制作起来比较容易，但需要注意两端形状的对称。如果两端形状不一致，歪斜的地方会特别显眼。

装钥匙的本体部分，是将葫芦形的本体皮革对折贴合，然后缝合了侧边而成。此外，系着钥匙的细绳也是使用表面用皮革制作而成，能够呈现出统一的氛围。常会听到有人问："系钥匙的细绳买一根皮绳不就可以了？"虽然可以，但还是建议您别怕麻烦，一定要尝试做一下。虽说是小小的部件，但正因为是小小的部件，才需要花费一些功夫，制作得更别致，才能提升作品整体的完成度。

然而，要注意避免在开始阶段太过于在意细节，影响后续的制作，从而导致未能坚持到最后的情况。"路漫漫其修远兮"，这只是一个热身运动，抱着轻松的心态去制作就可以了。

其次，焦躁也是大敌。急于完成，忽视了细节，完成度不高，就是本末倒置了。

最后，如果你是不熟练的新手，那么需要确保有充足的时间才好。

制作钥匙套的过程中，会用到黏合、打孔、缝合、侧边处理等各项基本的技术，这些技术也是后续的制作中常常会用到的，因此，请各位认真地学习制作钥匙套吧！

Tool Check!

◎圆斩 ф 5mm

黏合 & 侧边打磨

将钥匙套本体部件从皮革上裁切出来，对折后将两端对齐贴合。在钥匙套本体皮革的肉面层上标记出涂抹橡胶糊的范围。用圆锥配合直尺在本体皮革距离两边 3mm 的位置处做记号。将边线器调为 3mm 宽，在本体皮革的四周画出一圈线迹。 在线迹的外侧 3mm 宽的范围内涂抹橡胶糊。根据画好的线迹，仔细地涂抹，便能涂抹得准确、漂亮。由于黏合后从外侧就看不到了，因此也可以用手直接涂抹。但“细节成就品质”，注重细节和使用感正是医生包的宗旨。这样才能提升作品完成度，制作完成时也更有成就感。

将本体皮革对折，两端对齐后黏合。对折处容易产生间隙，用牛骨棒用力按压黏紧。用刨子对侧边进行削边，再用砂纸打磨平滑。之后需要用边线器画出缝合线，如果侧边凹凸不平，则画出的线也会歪歪扭扭，进而会影响到针脚的感觉。此处侧边处理的步骤非常重要，请一定要注意。此外，一般来说，染色与侧边打磨是在缝合完成后进行的，但此处需要在缝合前完成这两项作业。这是因为此处用的是

01 根据纸型，裁切出钥匙套的本体部件。

02 在距离两边 3mm 的位置处做记号。

03 根据 02 画的记号调整边线器的宽度，并画出一圈线迹。

04 黏合范围的线迹画好的状态。

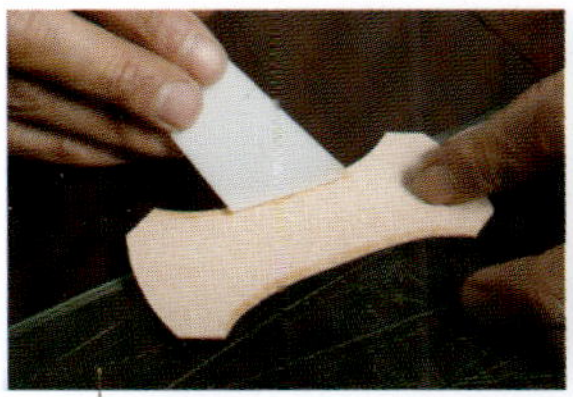

05 在线迹外侧仔细涂抹上橡胶糊。

06 将本体皮革对折，两端对齐后黏合。

07 用牛骨棒按压周边。

08 将对折处确实按压黏紧。

白线，而在进行这两项作业时有可能会将白线弄脏。打磨侧边的顺序需要具体问题具体分析，请各位参考本书 P170 “基础技术解说” 中 “侧边打磨” 一节的内容后自行判断。

09 用刨子对侧边进行削边处理。

10 用砂纸打磨平滑。

11 用棉签涂抹上染料。

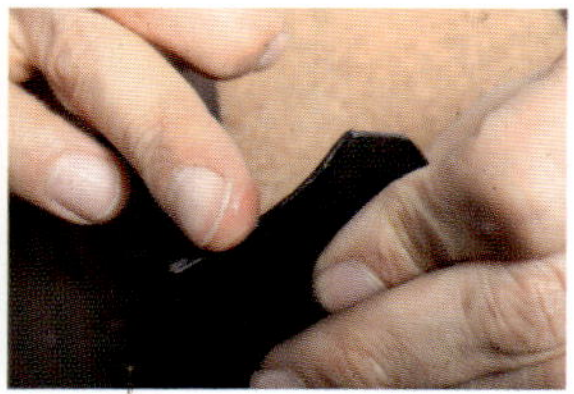

12 涂抹上边缘处理剂（赤菜）。

13 用布再次打磨。

侧边打磨好的状态。

缝合

接着缝合两侧边。用边线器在两侧边的曲线部分画出缝合线，根据缝合线记号，用菱斩打出线孔（菱形的孔）。在打孔时，先用菱斩的其中一个齿设定两侧边端部的起始孔。以起始孔为基准，用菱斩压出等距的虚孔。根据虚孔，用菱斩打出线孔。此部件左右两侧的线孔要对称，数量要一致，这样看起来才比较协调。此处没有跨缝，也无须做补强。收尾方法请参考本书 P168 “基础技术解说” 中 “缝合” 一节的内容。

全部缝合完成后，从根部剪掉线头，并用白胶固定。

01 用边线器在两边画出 3mm 宽的缝合线。

02 设定两侧边端部的起始孔。

03 用菱斩压出等距的虚孔后，打出线孔。

04 线孔打好的状态。

05 进行缝合。

06 剪掉线头，用白胶固定。

顺便说一下，此处使用的是用 3 条 20 号的缝线捻成的缝线，约与 7 号缝线的粗细程度相同，用“20/3”标记。

缝合好之后，在对折边的中央打出一个能穿过细绳的孔。根据纸型，将圆斩对准对折边的中央，打出一个半圆形的孔。打孔时注意不要打偏，否则非常影响美观。

打好线孔的状态。

缝合好的状态。

07 根据纸型，在对折边的中央做记号。

08 根据 07 的记号，打出直径为 5mm 的半圆形孔。

09 半圆形的孔打好的状态。

侧边处理

01 用砂纸打磨缝合后的侧边。

再次用砂纸打磨侧边。由于缝合时拉紧缝线会使侧边稍微歪曲或凹凸不平，因此缝合后的二次打磨是非常必要的。不过，之前已经打磨光滑了，这次只要修复歪曲或凹凸即可。修复完成后，涂上边缘处理剂（赤菜），再次打磨光滑。此外，这里需要对穿过细绳的半圆形孔的周围进行染色和打磨。直接涂上染料，然后涂上边缘处理剂，用干净的棉签进行打磨。

02 用棉签给穿过细皮绳的半圆形孔的周围涂上染料。

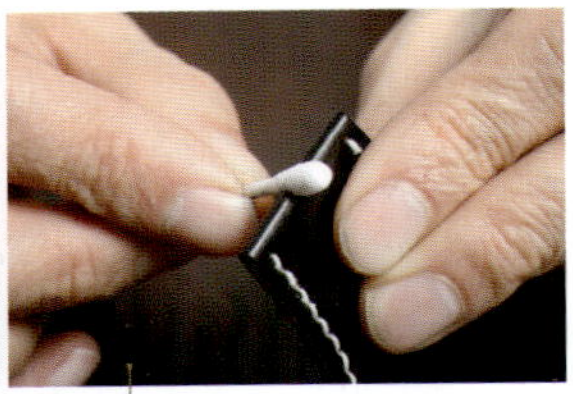

03 用干净的棉签打磨半圆形孔的内侧。

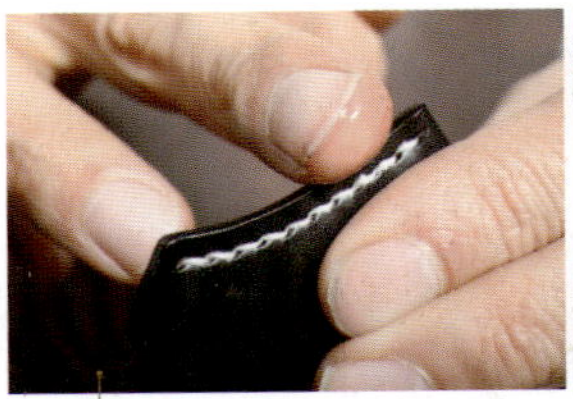

04 在两侧边涂上边缘处理剂。

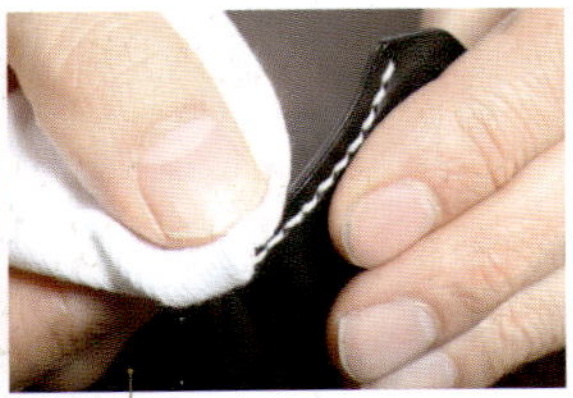

05 用布打磨两侧边。

06 打磨完成后涂上蜂蜡。

07 用加热后的装饰边线器擦拭，将蜂蜡抹匀，使其渗入皮革中。

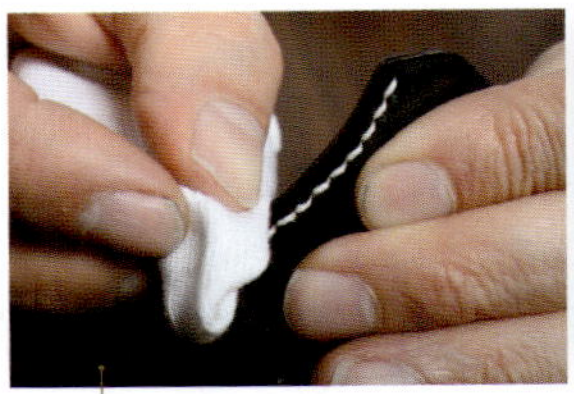

08 再次用布打磨两侧边。

09 用装饰边线器在缝合的侧边画出装饰线。

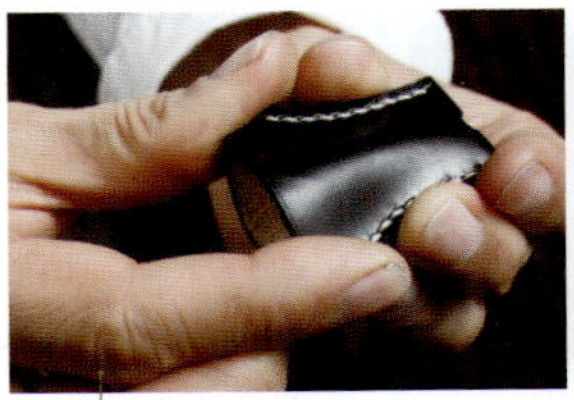

10 撑开钥匙套的本体，调整形状。

11 钥匙套的本体就制作完成了。

制作细绳

制作细绳需要一条长 300mm、宽 25mm 的长方形皮革。制作这种细长的部件时，如果能使皮革的纤维方向与长边的方向一致，那么便能提高耐用度。一个小小的要领，就能使作品更加耐用，因此请各位一定要掌握。

在整个皮革的整个肉面层上涂上橡胶糊，纵向对折贴合。贴合时注意对齐侧边。黏合后，用牛骨棒用力按压，消除间隙，以使其确实黏合。用圆锥在对折边的 2mm 和 4mm 的位置处做记号。根据记号，将边线器分别设置为 2mm 和 4mm 宽，画出 2 条记号线。2mm 宽的线是缝合线（也是切口所在线），4mm 宽的线为裁切线。裁切线以外的部分是多余的，被称为“舍弃部分”，需要切除。由于对折贴合时有可能会有歪斜，因此切除两端一小部分，将两端裁切成直角。

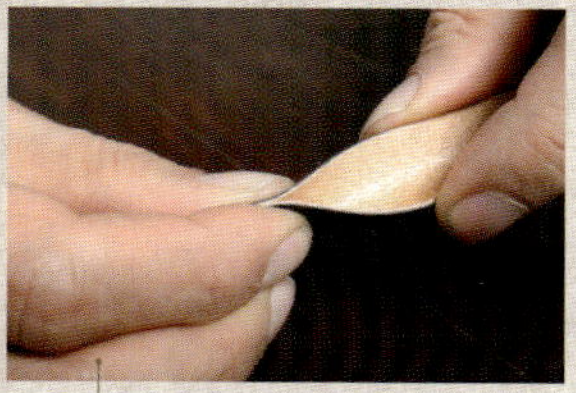

01 在整个肉面层上涂上橡胶糊，纵向对折贴合。

对折贴合完成的状态

02 用牛骨棒用力压紧。

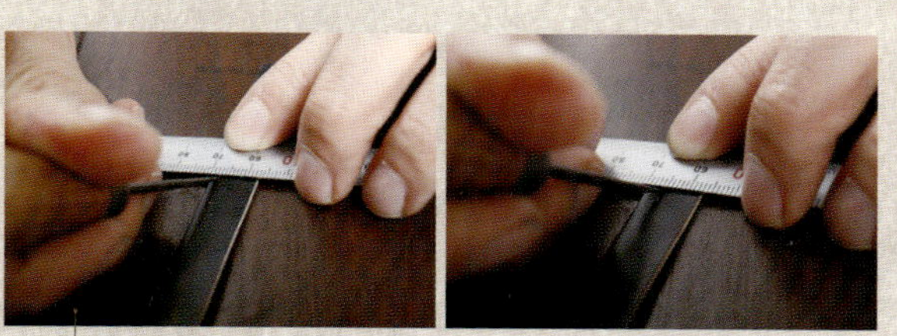

03 用圆锥在对折边的 2mm 和 4mm 的位置处做记号。

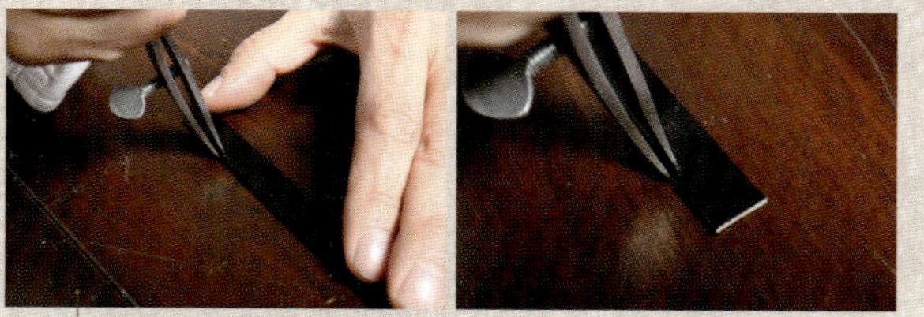

04 根据记号，用边线器画出两条记号线。

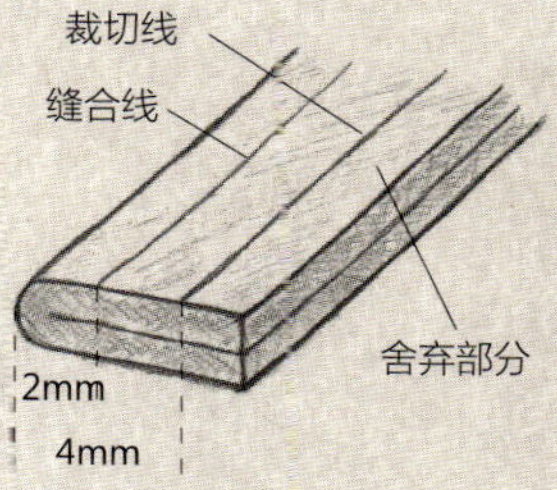

05 将两端裁切成直角。

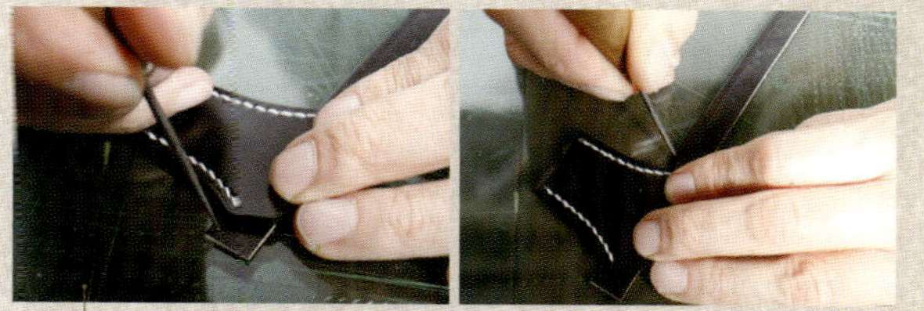

06 根据钥匙套的宽度，在细绳的一端（提手侧）标记出绑住提手用的切口记号。

07 根据细绳的宽度，在细绳的另一端（钥匙侧）标记出绑住钥匙用的切口记号。

提手侧

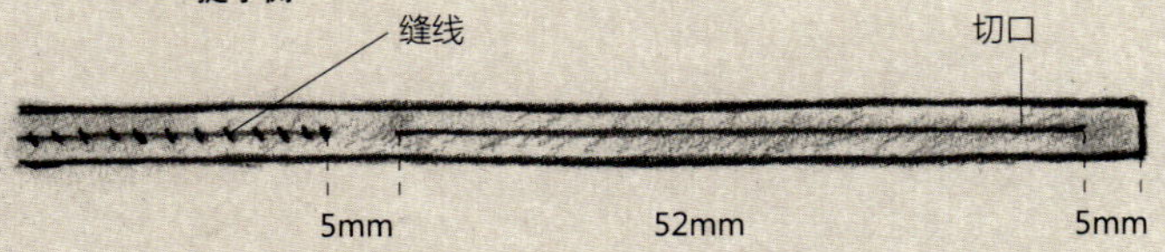

钥匙侧

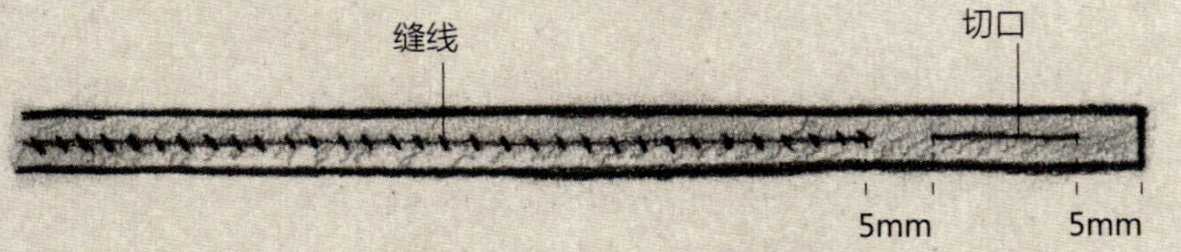

如上图，在细绳的两端做切口记号。两端的切口，分别是套穿钥匙套本体和钥匙本体用的安装孔。钥匙侧的切口能够穿过细绳即可，此处设定为10mm长；提手侧的切口需要能够穿过钥匙套的本体，此处设定为52mm。此外，为了确保强度，切口两端均设置了5mm长的间隔。由于切口部分的裁切是在缝合之后进行，因此做完记号后先进入缝合作业。根据缝合线，用菱斩打出线孔，进行缝合。缝合后，沿裁切线切除舍弃部分。由于细绳容易扭曲，因此，裁切时需要比平时更加慎重。保持直线裁切，避免细绳扭曲。

08 根据缝合线，用菱斩打出线孔。

09 进行缝合。

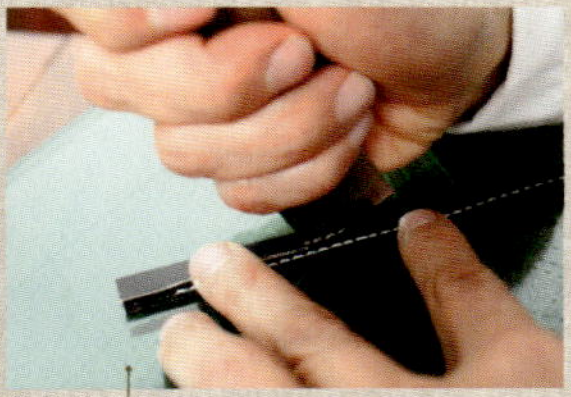

10 切除多余的部分。

用菱斩打好线孔的状态。

缝合好的状态。

切除舍弃部分后的状态。

细绳的侧边处理

细绳缝合完成后，就要进行侧边处理了。

将裁切后的侧边用砂纸打磨光滑。依照染色、打磨、上蜂蜡的顺序来进行侧边处理。由于细绳是细长形的部件，打磨起来比较耗时耗力，因此需要有耐心地慢慢打磨。虽然重复的打磨动作会让人感觉枯燥乏味，但这正是提升作品完成度的细小之处。如果你能从一端耐心地打磨到另一端，直至整个作业结束，那么证明你具有成为一个皮包匠人的潜力。

侧边处理完成后，依照切口记号进行裁切。提手侧52mm长的切口，即使使用美工刀进行裁切，也可裁切得很好。但钥匙侧10mm长的切口狭小，裁切起来很困难。这时可以灵活运用单平斩以切出狭小的切口。若是有“使用频率不高却极为方便的工具排行榜”，那么单平斩绝对名列前茅。

切口的内侧边缘无须打磨，但其颜色很显眼，因此要进行染色。注意，两端切口的狭窄处也要确实涂上染料。

侧边处理作业全部完成后，将细绳穿过钥匙，从钥匙侧的切口套穿一次，绑紧钥匙。将细绳另一

01 用砂纸打磨裁切后的侧边。

02 用染料进行染色。

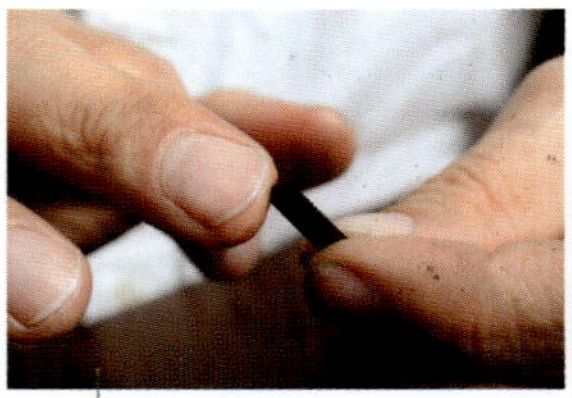

03 涂上边缘处理剂（赤菜）。

04 用布打磨出光泽。

端从钥匙套本体的半圆形孔中穿过，将钥匙拉进钥匙套本体中就完成了。

亲手制作钥匙套的感觉如何呢？虽然只是一个简单的钥匙套，但相信你已经对它有了感情。抱着这样的心态继续制作，待制作完成，你肯定会对医生包更加喜爱呢！

05 在打磨后的侧边涂上蜂蜡。

06 用加热后的装饰边线器擦拭，使蜂蜡成形。

07 再次用布打磨。

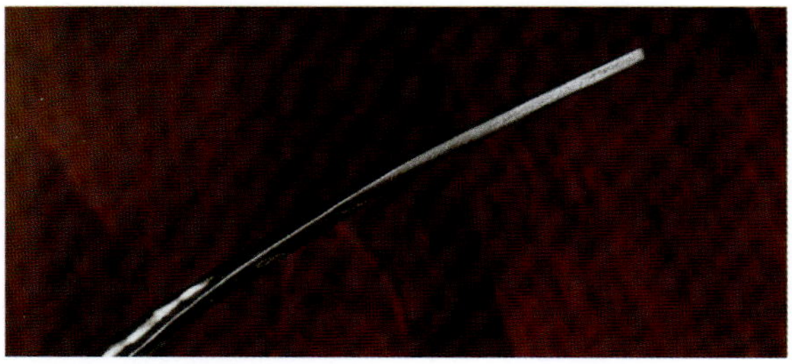

侧边处理完成的状态

08 用美工刀在提手侧切出切口。

09 用单平斩在钥匙侧切出切口。

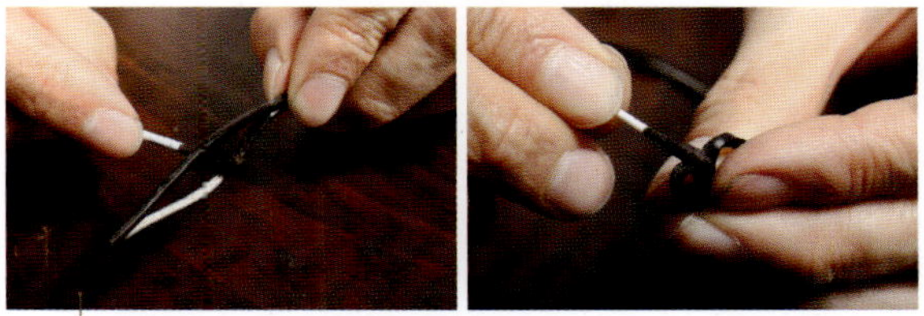

10 对切口的内侧进行染色。

11 用细绳绑住钥匙。

12 将细绳穿过钥匙套本体的半圆形孔。

Tab

拉手

接着制作缝合在前包身中央处的“拉手”。虽然它平时都隐藏在舌扣下面，但也是医生包的一个重要的部件。拉手是拉开袋口的重要部件，因此要缝合结实，使其具有一定的强度。拉手虽然很小，但却是手指经常直接接触的部件，会影响到使用的感觉。制作时要对四周进行削薄，调整厚度，制作出舒适的手感。制作的要点是均等的“段差削薄”。此外，黏合时要同钥匙套本体一样，将削薄部分用牛骨棒按压黏紧。如果说有什么技术上的建议，那么有这么一句话非常值得学习，“九尺之台起于垒土”，建议各位认真地做好黏合、缝合、侧边处理等作业。

这里介绍一个可以将侧边处理得漂亮的小技巧。由两片皮革黏合而成的部件，如拉手，裁切时可以将一片裁切成原大，另一片裁切得稍微大一些。待黏合在一起后，大一些的皮革四周就会突出来（突出的部分被称为“出血”），然后沿着原大的皮革侧边切出多余的部分，这样就能将侧边切得非常平整。其他的部件也可以使用这种技巧进行处理。

顺便说一下，“出血”这个词也是木工、建筑等行业的专业术语，表示组合材料时有意图的尺寸偏差。此外，精装书的封面和内文的尺寸差也被称为“出血”。手工皮具匠人之间也常常会用到各种专业术语，在今后的工作中若能多多掌握这些术语，或许你会更加享受制作的过程！

段差削薄 & 黏合

拉手（表）的纸型已经在四周预留了 2mm 的部分，此部分即出血。根据纸型，从皮革上裁切出拉手的表、里零件。接着进行段差削薄。将拉手（里）的肉面层各边削薄 6mm 宽，而拉手（表）的各边因为有 2mm 的出血，因此需削薄 8mm 宽。先用圆锥分别在各边 6mm（8mm）的位置处做记号，然后根据记号，调整边线器的宽度，画出削薄的基准线。

根据削薄基准线，用锋利的裁皮刀进行段差削薄。先将裁皮刀稍稍立起，切入皮革，然后放平裁皮刀，推削至边缘。注意，当裁皮刀切入皮革后，不要直接按压切掉，而稍稍地横向移动切掉，断面更漂亮。另外，一口气削薄 6mm 的宽度，可能会将边缘削得太薄。因此，不熟练时，需要分数次进行削薄，每次削薄较小的宽度。

本书 P174“基础技术解说”中“削薄”一节中有更详细的削薄方法，请多加参考。

01 根据纸型，从皮革上裁切出拉手的表、里零件。

［段差削薄断面示意图］

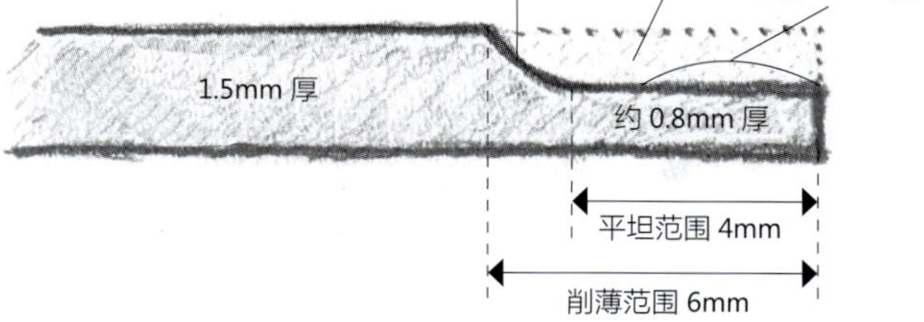

02 在肉层上做出削薄的宽度记号。

03 调整边线器的宽度，画出削薄的基准线。

04 进行段差削薄。

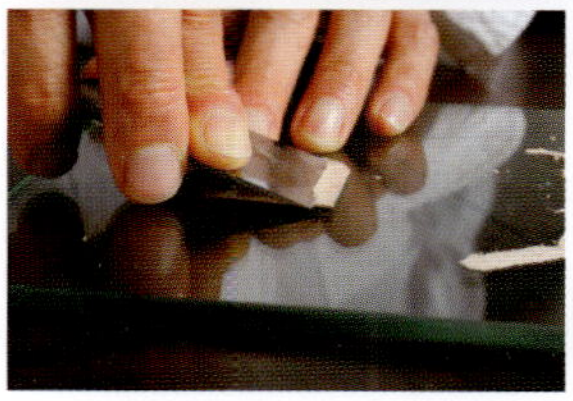

段差削薄的方法

将裁皮刀稍稍立起，切入皮革，然后放平裁皮刀，推削至边缘。皮革的断面如下图般最为理想。想一次就削到位是非常困难的，可分数次进行削薄，每次削薄较小的宽度，但注意削薄部分的厚度要一致。

表、里零件都削薄后，分别在肉面层上涂上橡胶糊，然后尽量以中心对齐贴合，使四周均等地多出 2mm 宽。无须用直尺测量，目测即可。黏合后用牛骨棒用力压紧，尤其是段差削薄部分会在内侧形成间隙，这个部分一定要消除间隙，确实黏合。用纸型等物品抵住，用牛骨棒的直角部分用力刮压，这样，未削薄的拉手中央部分就会像夹了芯材一般鼓起来。这种立体的感觉会使拉手部件更加精致。

然后切除出血的部分。将裁皮刀沿着拉手（里）的侧边切除多余的部分。即使裁切得不平整也没关系，之后要用砂纸进行打磨。

05 在表、里零件肉面层上涂上橡胶糊。

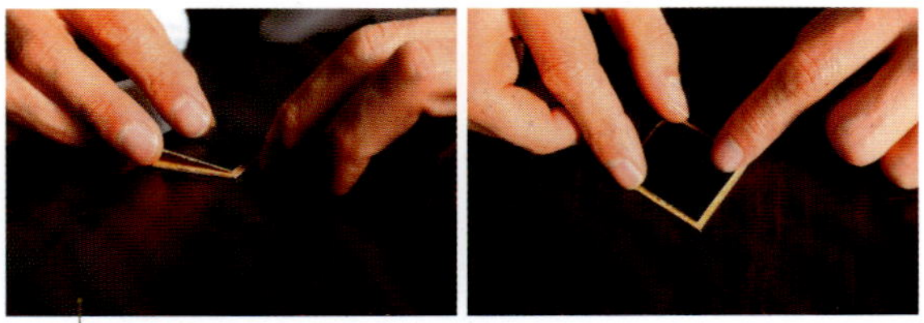

06 将里零件以中心对齐的方式贴在表零件上。

07 用牛骨棒进行按压。

08 用纸型抵住进行刮压，以消除间隙。

[段差削薄的间隙]

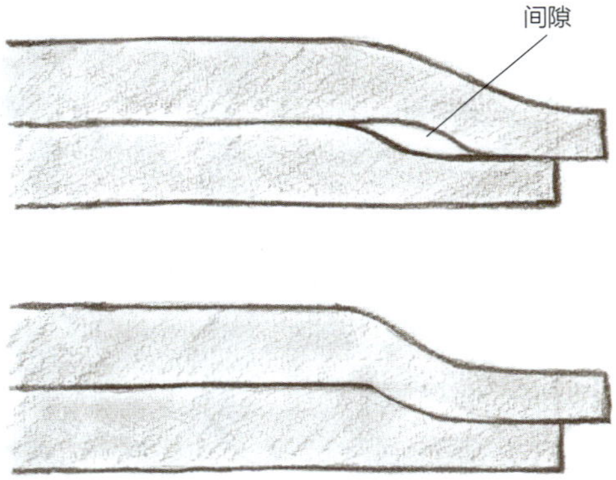

09 切除出血的部分。

黏合完成的状态。

打孔&缝合

用边线器在拉手部件的四周画出 3mm 宽的缝合线，然后用菱斩打出线孔。由于拉手部件很小，因此无须先打磨，要具体问题具体分析。

画出缝合线后，先从双直角边开始打孔，然后在其他三边打孔。最先打孔的双直角边是与包身缝合的部分，此时暂时不缝合。为了避免弄脏白线，这里与钥匙套的处理顺序一样，在缝合前先进行侧边处理。

顺便说一下，若之前没有留出出血部分，两片零件均是依纸型原大裁切出的，黏合后必定会因为误差而出现段差，侧边黏合处也可能会产生间隙。为了修复这些问题，可能会因打磨过度而使拉手变形。因此，做出血的技巧不仅能提高效率，而且可以提升作品的完成度。

侧边处理完成后，缝合除双直角边外的其他三边。注意，两个直角处的线孔不要缝合，之后需要与包身缝合。此处从一直角处的第二个线孔开始缝合，到另一直角处的倒数第二个线孔结束。缝合完成后，再次轻轻地打磨侧边，涂上蜂蜡并用装饰边线器塑形，并画出装饰线。在包身与口金进行缝合时，拉手部件会再度登场，所以暂时放在一旁吧。不过因为拉手较小，请不要弄丢了。

01 在拉手部件的四周 3mm 宽处做记号。

02 根据 01 记号，调整边线器宽度，画出缝合线。

03 用菱斩打出线孔。

04 用刨子进行削边。

05 用砂纸打磨平滑。

06 用棉签蘸上染料，对侧边进行染色。

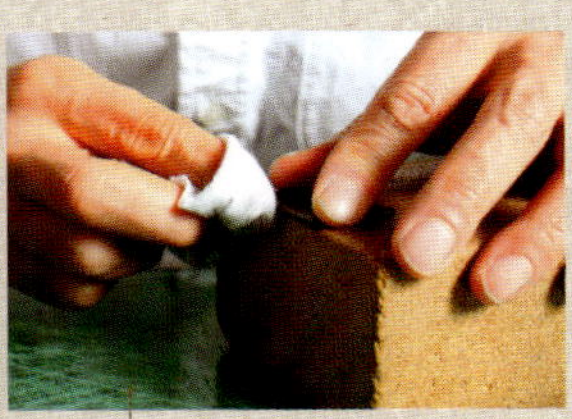

07 涂上边缘处理剂（赤菜），用布打磨出光泽。

08 缝合除双直角边以外的三边。

缝合完成的状态。涂上蜂蜡，用装饰边线器塑形，并画出装饰线。

Flap

舌扣

下面来制作固定袋口的舌扣。如果你不喜欢舌扣这个称呼，叫它的英文名“Flap”（专业术语，意为袋盖）也不错。不过本书中仍称为舌扣。

舌扣与拉手的制作方式大同小异，先对四周进行段差削薄，然后再进行黏合。但需要注意这里使用到的一种新的黏合技巧——弯曲黏合。这是在皮革弯曲状态下进行黏合的方法。由于舌扣是沿着包身的形状进行弯曲的，如果在平坦的状态下直接黏合，完成后不仅难以使用，而且弯曲处也会产生褶皱，并变得僵硬。不仅外观不漂亮，耐久度也会下降。为了使整个包完美地发挥其性能的同时，又拥有绝妙的外观，需要使用“弯曲黏合”的技巧。很多部件都会用到这个技巧，因此，请各位快来通过舌扣的制作进行学习吧。

另外，要在舌扣上安装锁扣的面盖。锁扣的种类有很多，安装方式也不同，还请多加注意。锁扣有“螺丝型”和“钉子型”，这里用的是TRUNK原创的钉子型锁扣。将钉子从正面插入锁扣的安装孔中，在背面以保留1mm的状态剪断突出的钉子头。然后用铁锤敲打突出的钉子头，以进行固定。这种方法利用了钉子头部被敲打后会膨大的原理，在手工匠人中被称为“铆接”。只要将锁扣固定好即可，虽然不是特别难的作业，但要避免完全损毁钉子。作业时要务必小心，不要敲打到锁扣的本体。尽可能使锁扣保持崭新的状态。

若为螺丝型锁扣，则将钉子替换为螺丝，安装时用螺丝刀将螺丝固定即可。其他的制作方法与钉子型锁扣的制作方法相同。

TRUNK原创的钉子型锁扣在市场上并未销售，请各位多多谅解。适合医生包的锁扣种类很多，各位可在各大手工皮具材料工具店进行挑选。

Tool Check!

◎剪钳
◎铁锤（金工用）

材料准备 & 段差削薄

舌扣是由两片皮革零件黏合而成的，如果制作时不注意，非常影响美观。因此要进行削薄，并确实将侧边打磨光滑，使舌扣看起来就像是一片皮革一样。裁切时，其中一片零件应裁切得略微大一些，出血宽度约为 2mm。同拉手的做法一样，待黏合后切除出血部分。同时，要事先准备好锁扣面盖。

裁切好两片零件后，先对其两侧的曲线部分进行段差削薄，然后对前端部分进行削薄。后端部分不用削薄。此处与拉手的削薄方式相同，削薄方式皆为段差削薄。原大的零件削薄 6mm 宽，稍大的零件削薄 8mm 宽。两侧的曲线会逐渐收窄，但仍需保持已定的削薄宽度，认真地进行削薄。

接着对两片零件的前端部分进行削薄，需要多次调整，确保贴合后能刚好塞进锁扣面盖间隙中。将其中一片零件与面盖暂时组合，在肉面层实际安装位置处画出重叠范围的记号。由于贴合后肉面层就看不到了，因此用笔做上记号也没关系。

另一片零件以同样的方法做出重叠范围的记号。逐渐削薄重叠范围部分的厚度，直至两片零件贴合后能刚好塞进面盖的缝隙中。削得太薄的话，皮革

一片进行粗裁　另一片依纸型裁切。准备好锁扣面盖。

01 做出 6mm（8mm）的削薄宽度记号。

02 根据 01 记号，用边线器画出削薄记号线。

03 对记号线外侧进行段差削薄。

04 暂时与面盖组合，画出重叠范围的记号。

05 两片零件均做出记号的状态。

06 逐渐削薄重叠范围部分，调整厚度。

07 贴合后与面盖组合，确认厚度。

前端会从面盖间隙中脱落，这时就要夹入芯材，重新调整厚度。因此，最好是逐渐削薄，反复确认和调整厚度。

本书后所附的舌扣纸型以及皮革厚度，均是为了配合 TRUNK 原创的锁扣所设定的。如果使用形状有较大差异的金属配件（如四边形），那么需要根据金属配件调整舌扣前端的形状。

黏合

接下来就用之前所说的“弯曲黏合”的技巧来进行黏合。先像往常一样，在两片零件的整个肉面层上涂上橡胶糊。

涂完橡胶糊后，如果直接完全黏合，就不能再进行调整弯曲的程度了。因此，要从舌扣零件的根部（宽的那一边）开始黏合。先只黏合根部部分。此时，将舌扣的纸型夹入两片零件间，避免其他部分黏合。将原大的零件贴合在稍大零件的正中央。注意，稍大一些的零件要置于下方，并且四周要空出 2mm 宽的出血部分。

像这样，先只黏合住一边，确定好位置，之后在进行弯曲黏合时就不用担心偏离了。将纸型夹在

01 在两片零件的肉面层上涂上橡胶糊。

02 将纸型夹入两片零件间，只黏合根部部分。

中间辅助黏合的技巧，在今后的作业中也常常会用到，本书就暂且称其为“纸型隔离法”吧。

根部部分紧紧黏合后，准备向另一边进行黏合。一边慢慢地抽出纸型，使两片零件黏合，一边缓缓地弯曲舌扣，做出平缓的弧度。注意，如果弧度太大，反而效果不佳，只需做出自然的弯曲弧度即可。具体来说，就是比安装在医生包身上并锁住锁扣时舌扣的弯曲弧度稍小一些，更平直一些。

03 在抽出纸型的同时，慢慢地弯曲贴合。

04 以弯曲的状态彻底黏合整个舌扣。

压黏 & 切除出血部分

弯曲黏合完成后，要确实地进行压黏。如果用推轮来进行滚压，还可以顺便调整弯曲的形状，可说是一举两得。注意，为了避免损伤皮革表面，要用厚纸板夹住舌扣后再进行滚压。另外，边缘段差削薄的部分，要用牛骨棒从表面（较大的部件）进行细致的刮压，以消除间隙。这样可以使舌扣部件的中央看起来像鼓起来一般。

削薄时，如果在平坦的桌面上进行作业，则会将好不容易弯曲的舌扣伸直。这时要利用桌角等处，以确保舌扣的形状不会遭到破坏。如果能准备一个纵切而成的半圆柱体作为此时的作业平台，那么就会事半功倍了。

压黏作业完成后，开始切除稍大零件的出血部分。用裁皮刀沿着原大零件的侧边，仔细地切除出血部分。这时也要注意，裁切时务必不要破坏舌扣的弯曲形状。

01 用厚纸板夹住舌扣，用推轮进行滚压。

02 以牛骨棒的直角部分用力按压舌扣的削薄部分。

缝合 & 侧边处理

接着缝合舌扣的两侧边。用边线器在两侧边画出3mm宽的缝合线，前端和根部不用画线。画线时需要利用桌角或半圆柱体作业平台，确保舌扣的形状不会遭到破坏。当然，打孔时也要注意这个问题。线孔打好后，就可以开始缝合了。

在安装面盖之前，要先打磨两侧的侧边。先染色，再涂上边缘处理剂，用布打磨，最后用装饰边线器画出装饰线。此时依旧要利用桌角和作业平台进行作业。注意在完成之前，一定不要破坏舌扣的形状。

半圆柱体作业平台

将直径 10cm、高 30cm 的圆柱体纸筒纵切成两半。一半的半圆柱体便可作为作业平台，可配合舌扣的弯曲形状来进行作业。

03 用纸型抵住进行刮压，以消除间隙。

04 切除出血部分。

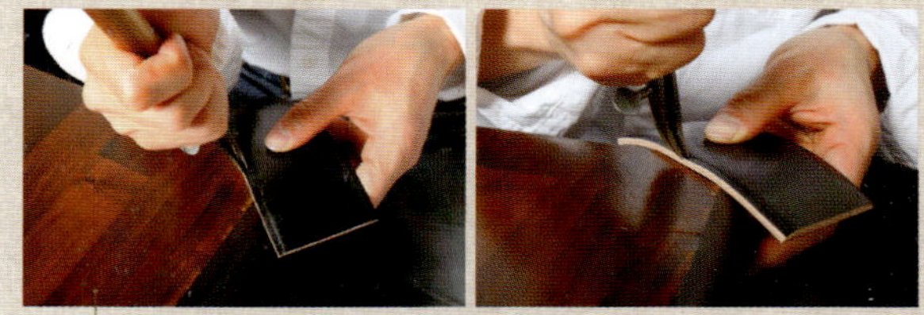

01 将边线器调为 3mm，在两侧边画出 3mm 宽的缝合线。

02 根据 01 的记号，用菱斩打出线孔。

线孔打好后的状态。

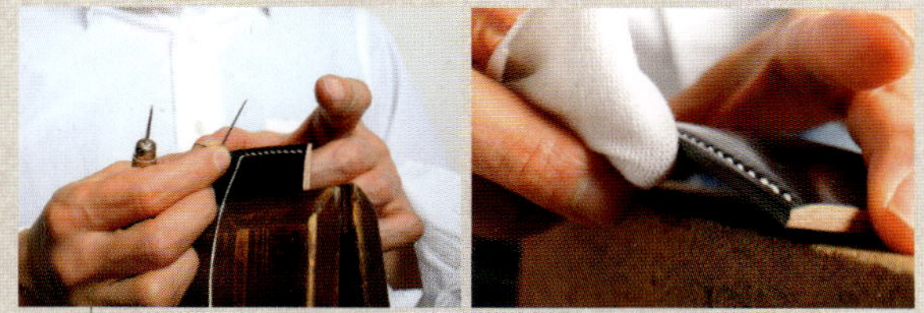

03 缝合两侧边，并打磨侧边。

侧边处理完成后的状态。

安装面盖

最后在舌扣上安装面盖。将舌扣的前端插入面盖间隙中，暂时组合在一起。将圆锥垂直戳进面盖固定用孔中，在皮革表面做出记号。然后取下面盖，根据记号，用圆锥戳出小孔。一边转动圆锥，一边戳入皮革内部，将小孔扩大为刚好能穿过锁扣钉子的大小。如果孔洞戳得太大，面盖会有松动。因此，最好要将孔洞调整为插入钉子时有稍许阻碍程度的大小。

再次装上面盖，把钉子插入面盖的固定用孔中。彻底将钉子插到底后，将面盖翻到内侧。用剪钳将钉子剪断，保留 1mm 左右的钉子头。用铁锤敲打突

01 将蛇匚前端插入面盖间隙中，暂时组合在一起。

02 将圆锥戳进面盖固定用孔中，做出记号。

03 取下面盖，用圆锥戳出小孔。

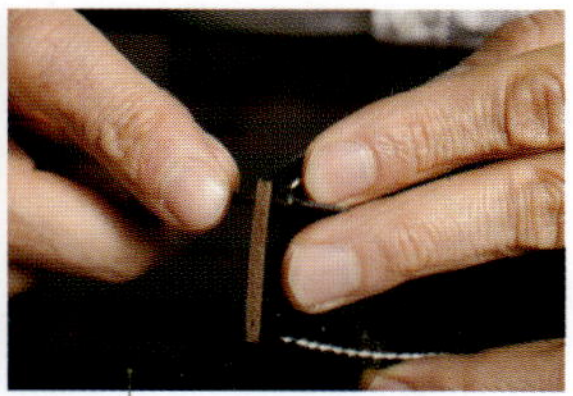

04 将小孔扩大为刚好能穿过锁扣钉子的大小。

05 再次装上面盖，安装上钉子。

出的钉子头，利用铆接的方法进行固定。铆接的方法请参考本书 P173“基础技术解说”中“铆接”一节的内容。

注意，用铁锤敲打固定时，可以提前在钉子周围贴上纸胶带（根据钉子的位置，用圆锥戳出钉子孔）。这样可以保护好面盖，减小敲打时损伤面盖的可能性。

确实固定好后舌扣的作业就完成了。你是否完美地制作出了舌扣部件呢？

舌扣部件直到最后的袋口缝合时才会用到，因此先放在一旁，好好保存吧！

面盖固定好后的状态。

06

用剪钳将钉子剪断，保留 1mm 左右的钉子头。

07

在钉子周围贴上纸胶带，以保护面盖。

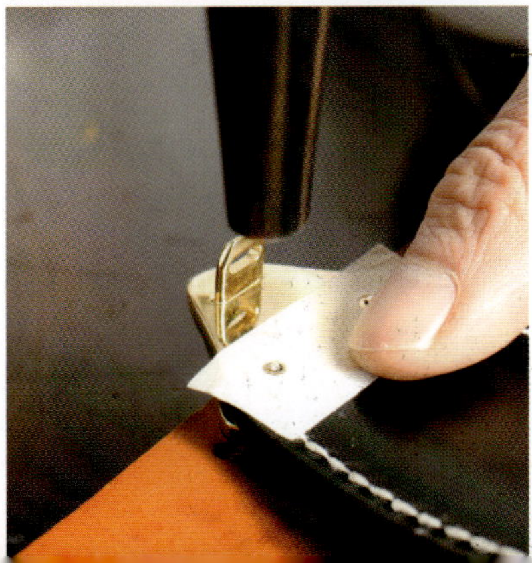

08

用铁锤敲打突出的钉子头，利用铆接的方法进行固定。

Partition

隔板

这里制作的隔板，在之后的组合作业中，会夹在两侧和底部的裆部之间，并进行缝合。唯一没有与裆部缝合的上边，则需要用薄薄的表面用皮革进行包边。由于隔板所有的侧边都会被藏于内侧，因此在裁切时无须预留出血部分。根据纸型大小，将隔板芯材以及夹住芯材的隔板表革（内里用皮革）裁切成原大即可。

在隔板芯材的两面贴上隔板表革，制作出两块形状相同的隔板。在隔板上边边缘包覆上表面用皮革，并进行缝合。制作流程非常简单，对于之前已经制作过拉手和舌扣的各位来说，应该没有太大的困难。但是，为了让隔板上边边缘的包边整齐、漂亮，控制边缘的厚度，需要认真地进行画线，进行精确的削薄作业。做到注重细节，力求完美。

顺便说一下，由于需要制作两块相同的隔板，因此需要准备的材料为 2 片隔板芯材、4 片隔板表革。为了避免出现差异，同时制作出两块隔板比较好。

在各种款式的医生包中，隔板有时也会被制作成拥有拉链的口袋。本书制作的是简单的隔板款式。如果各位有兴趣，也可以尝试挑战一下口袋式的隔板。

口袋式隔板的制作方法是准备两块隔板，上边缝合上拉链，两侧和底部黏合后夹入裆部之间，并进行缝合即可。对于制作过几次钱包的中级制作者来说，应该并不困难。但用口袋来代替隔板，选用比内里用皮革更结实一点的皮革会更好。

黏合芯材与表革

在隔板芯材的两面贴上隔板表革，做成如夹心饼干般的状态。整个面贴合在一起后，皮革自身具有的张力，会使隔板变得更结实。由于隔板所有的侧边都会被藏于内侧，所以黏合时无须太过于担心，但也需要尽可能地对齐边角，以免产生误差。这里可以使用黏合舌扣时的“纸型隔离法”来进行黏合。将纸型放在芯材上，稍稍错开一些，只露出芯材的边角。保持这个状态，将表革与芯材上面的两个角对齐并黏合，之后就无须担心错位了。直接黏合整个面，容易贴歪，使作业变得极为困难。这和给智能手机贴屏幕保护膜相似，直接贴很容易出现褶皱、起泡等问题，让人感到不愉快。因此，还请各位发挥日常贴膜的智慧来进行此项作业吧！

01 根据纸型裁切出各部件。

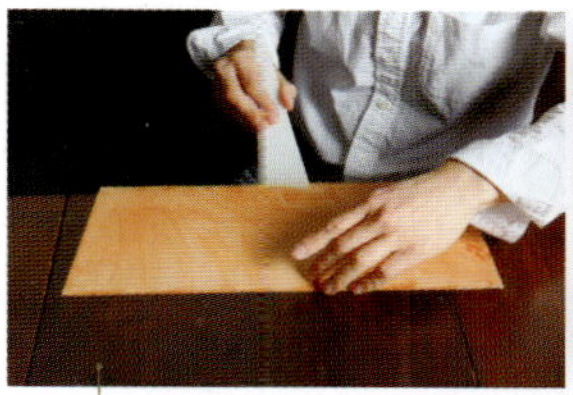

02 在表革的肉面层上涂上橡胶糊。

03 在芯材的其中一面上涂上橡胶糊。

04 在夹进纸型的状态下，将上边的两个角对齐并黏合。

05 缓缓抽掉纸型，黏合整个面。

06 用推轮确实滚压后，黏合另一面的表革。

制作上边边缘包覆革

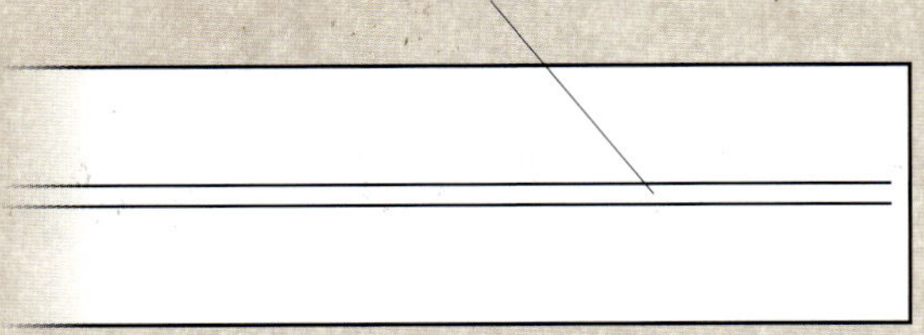

此处制作的是隔板上边边缘的包覆革。虽然边缘的包覆革越薄越容易包覆，但包覆革还承担着补强的作用，因此削薄至 1mm 厚左右最佳。

根据纸型，裁切出边缘包覆革部件。在其肉面层中央画出 2mm 宽（2 条线的间距）的记号线。肉面层之后会藏于内侧，用笔直接画也没关系。这两条记号线是之后黏合隔板上边边缘包覆革时的基准线，非常重要，因此，在涂上橡胶糊之前认真地画好吧。

在包覆革肉面层的两侧边画出两条 3mm 宽的缝合线，并用菱斩打出线孔。由于两端之后会夹在侧边裆部中，因此两端需要各保留一段距离（10mm），无须缝合。在缝合线两端 10mm 的位置处画出记号线，然后在记号范围内的缝合线上打孔。另外，包覆革两侧的线孔要一一对应，在对应的位置打出同样数目的孔，对折后可以完全重合。使用同一把菱斩，理论上应该能在同样距离内打出同样数目的孔。但若是不太熟练的新手，最好一边检查，一边打孔。

包覆革缝合到隔板上后就无法打磨了，因此在这个阶段就要打磨好。因为削薄后的皮革非常薄，因此注意不要用力过度。

01 在两侧画出 3mm 宽的缝合线。

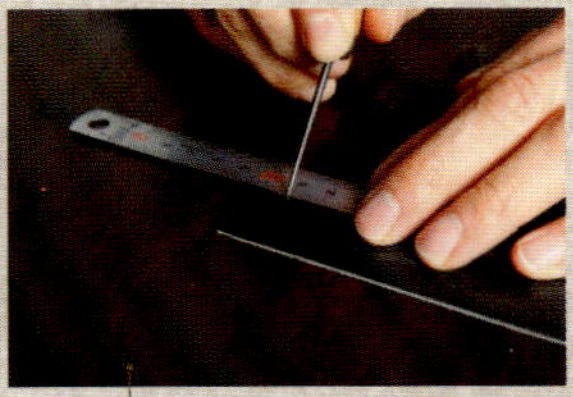

02 在缝合线两端 10mm 的位置处画出记号线。

03 在两端的记号范围内的缝合线上打孔。

04 用砂纸打磨两侧的侧边。

05 涂上染料。

06 涂上边缘处理剂（赤菜）。

07 用布打磨。

08 削薄两端的肉面层。

09 用装饰边线器画出装饰线。

10 对折包覆革。

包覆革的两端之后会夹入两侧裆部，在此要削薄两端的厚度。根据之前两端画的记号线，削薄10mm的宽度即可。用装饰边线器在打磨的两侧边画出装饰线。当然，装饰线只需画在皮面层。最后将包覆革纵向对折，用手压出折痕。

黏合&缝合

此时需要将已经制作好的包覆革缝在隔板上。虽然是很简单的作业，但是不能疏忽大意，要细致地对齐、缝合。

为了将隔板上的黏合范围标记出来，暂时将包覆革包覆在隔板上，用圆锥在隔板边缘做出记号。根据记号，用边线器画出黏合范围。然后用美工刀刮粗隔板上的黏合范围。

01 暂时将包覆革包覆在隔板上，用圆锥在隔板边缘做出记号。

02 用边线器画出黏合范围。

03 用美工刀刮粗黏合范围。

做好黏合前的准备后，在隔板的黏合范围内和包覆革的肉面层上涂抹橡胶糊。隔板上边的皮面层以及上边边缘皆要认真地涂上橡胶糊。这些细节部分的处理，会直接影响到后续的作业。

对准一开始在中央画的 2mm 宽的记号线，开始黏合。隔板也为 2mm 厚，所以一边对准记号线，一边进行作业，即可将包覆革准确无误地贴在隔板上。之前在边缘上涂的橡胶糊，这时就会发挥作用了。然后用牛骨棒确实地进行刮压，以消除边缘的间隙。

上边边缘黏合好后，将包覆革的两边贴在隔板上。虽说包覆革很薄，但是仍具有一定的张力（像弹簧一般张开的力量）。为了避免出现间隙，要向下拉，紧紧地黏合住。

像这样，将皮革折成某种形状的作业，在之后的制作中会经常出现。相信到那时候，各位一定能够熟练操作，并确实地根据皮革素材的特点来进行作业。虽然有时候需要花费一些力气，但最终靠的还是一点一滴的积累。手工皮具制作从来就不存在“没有力量就无法完成”的情况，所以还请各位放心地练习吧。

04 在隔板的黏合范围内涂上橡胶糊。

05 侧边边缘也要涂。

06 在包覆革的整个内面层上涂上橡胶糊。

07 对准记号线，紧紧地贴在上边边缘上。

08 用牛骨棒刮压，以消除边缘的间隙。

09 黏合包覆革的两侧边。

10 用牛骨棒按压两侧边。

为防止缝合时侧边不平或翘起，一定要确实按压。缝合时没有特别需要注意的，但因为只有包覆革上打有线孔，因此在这里要用菱锥将线孔一一贯穿，再进行缝合。一边检查两边的线孔是否对齐，一边贯穿线孔吧。缝合完成后，进行收尾，隔板的制作就完成了。

11 用菱锥贯穿包覆革上的线孔并缝合。

Bottom Board

底板

底板是放在两片隔板之间，在底部起到支撑作用的板子。因为底板无须固定在包的本体上，因此单独缝合就完成了。

大容量的医生包可以放入不少的书籍和文件，而书籍和文件具有一定的重量，用来支撑包底的底板需要具有一定的强度，因此这里使用两片芯材来进行补强。用可以包覆侧边的“包边法”制作出两块芯材板，然后将两块芯材板黏合后缝合。使用包边法可以将芯材的侧边隐藏起来，从外面只能看到皮面层。包边方法和芯材板的组合方式请参考本页右下方的图示。另外，在缝合两块芯材板时，要在其中一块的芯材板的长边中央安装上拉手，以方便取出底板。

打孔和缝合两项作业的难度不高，对于已经制作至此的各位来说应该可以轻松完成。因此，制作的重难点就只在于对芯材进行包边。包覆芯材边角的曲线部分时，包覆革多出的部分会产生褶皱。此处要使用一种被称为“收褶”的技法，将这些褶皱处理成漂亮的褶子。

收褶技法是用圆锥拨拢边角处多出的皮革，以调整成放射状的均等褶子。虽然这是一项考验手指灵活度的作业，但只要认真、冷静，相信谁都可以做到，因此请各位仔细确认制作步骤。

顺便说一下，用收褶技法制作出的漂亮褶子又叫“褶纹”，在手工皮具作品中很常见。不妨现在就打开自己手边的钱包，看看内侧边角处多出的皮革是不是被制成了放射状的美丽褶纹了呢？

本书制作的医生包的边角是露出的状态，部件缝合后进行倒角和打磨即可。包边后收褶的技法只有在底板的制作中被使用到。但需要注意的是，收褶的技法常用且非常重要，请各位一定要熟练掌握。

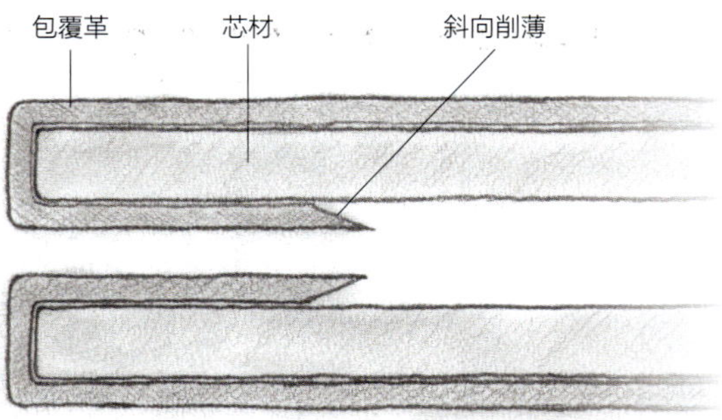

在包覆革中央贴上芯材

首先对包覆革的四边进行 3mm 宽的斜向削薄。接着贴上芯材。为了将芯材贴在包覆革的正中央，需要事先用笔画出对贴范围。对贴范围在纸型上有标出，记号为四周边缘 10mm 宽的线。最后在包覆革和芯材上涂上橡胶糊，按照纸型隔离法来进行贴合即可。

01 根据纸型，裁切出包覆革和芯材。

02 对包覆革肉面层四边进行 3mm 宽的斜向削薄。

03 在包覆革肉面层四边画出 10mm 宽的记号线，标示出对贴范围。

04 在包覆革的整个肉面层涂上橡胶糊。

05 在芯材的其中一面涂上橡胶糊。

06 利用纸型隔离法，放上纸型，稍微错开对贴范围。

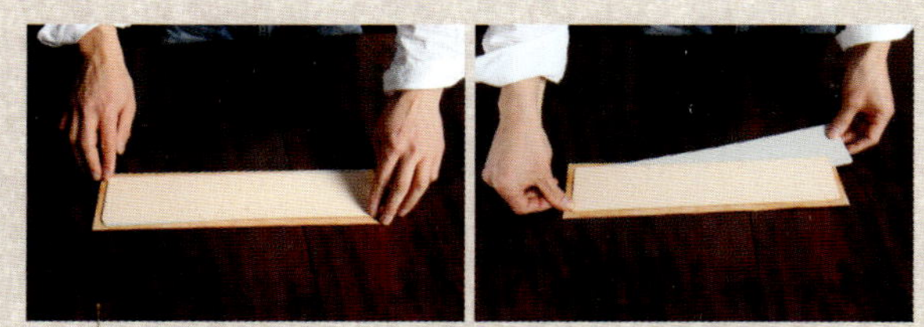

07 将芯材的边角对准对贴范围后，缓缓抽出纸型并贴合。

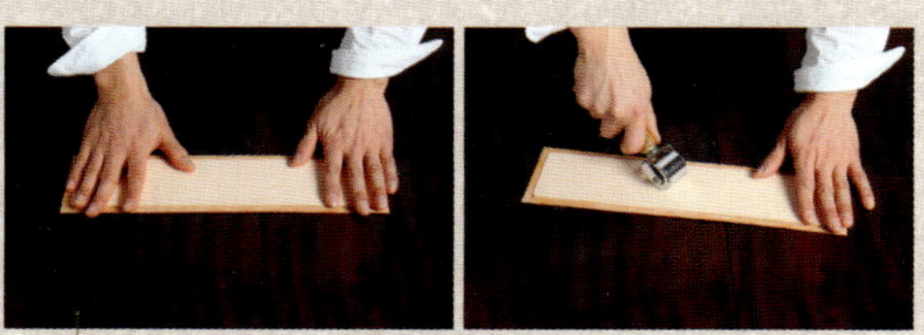

08 用手和推轮确实地进行推压。

将纸型放在包覆革上，稍微错开对贴范围。将芯材的边角对准对贴范围，先只贴上两个角，然后缓缓抽出纸型，贴合上整个芯材。用手和推轮确实地进行推压。之前只在芯材的其中一面涂了橡胶糊，这时需要再涂另一面。包边所对应的部分为芯材四周 10mm 宽的范围，因此，涂抹 10mm 宽的范围即可，稍微溢出一点也没关系。

若是直接进行包边，包边与侧边间可能会产生间隙，因此要沿着芯材的侧边，仔细地压出折痕。用牛骨棒的直角边压出明显的折痕吧。四周皆压出折痕后，为了避免产生间隙，以稍微紧张的状态将直线部分黏合。曲线部分先不黏合，保持直立的状态，然后用之前介绍的收褶的技法来进行处理。

09 在芯材四周 10mm 宽的范围内涂抹橡胶糊。

10 用牛骨棒沿着芯材的侧边将包覆革压出折痕。

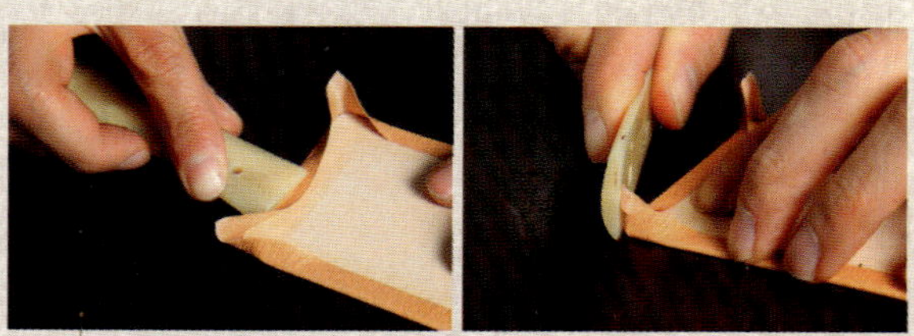

11 先黏合直线部分，曲线部分保持直立的状态。

收褶

运用收褶技法可以完美地完成曲线部分的包边。完成状态请参考下方的图片。背面边角处多出的皮革被制成了放射状的均等褶子，正面曲线部分则很平滑，非常漂亮。

首先用圆锥尖端压住曲线部分的中央，并以45°的角度黏合。这时不要全部黏合，只是黏合圆锥按压的那一条线。巧妙地利用皮革的张力，将两边制作成2个均等的褶子。以相同的方式，用圆锥压住2个褶子的中央，制作成4个均等的褶子。若是褶子扭曲了，那就小心揭开，重新制作即可。制作漂亮的放射状褶子的要点是要注意左右对称。

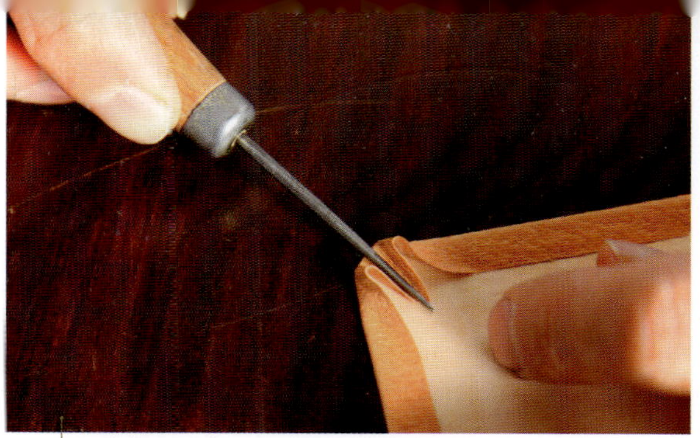

01 用圆锥尖端压住曲线部分的中央并黏合。

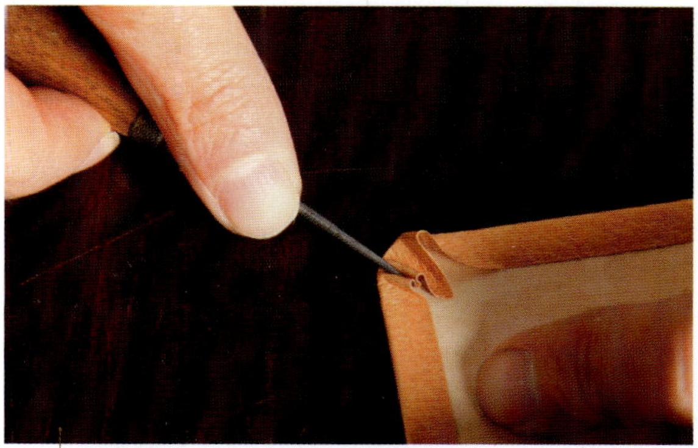

02 用圆锥压仨其中一个褶子的中央并黏合。

03 用圆锥压住另一个褶子的中央并黏合。

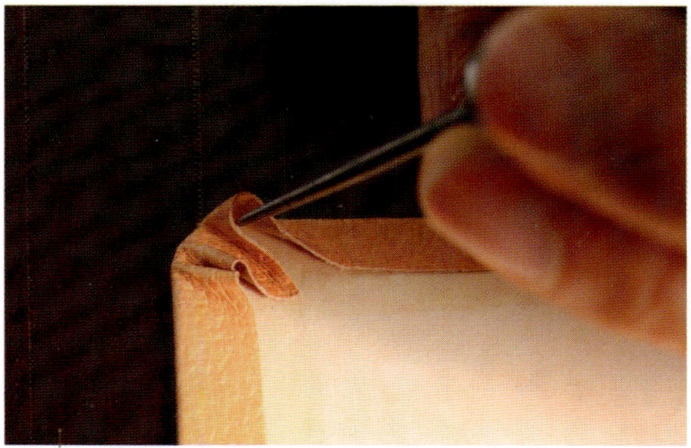

04 若是褶子扭曲了，那就小心揭开，重新制作。

05 用弯刃剪刀尽可能从根部剪掉褶子。

06 用裁皮刀将剩余的褶子削除。

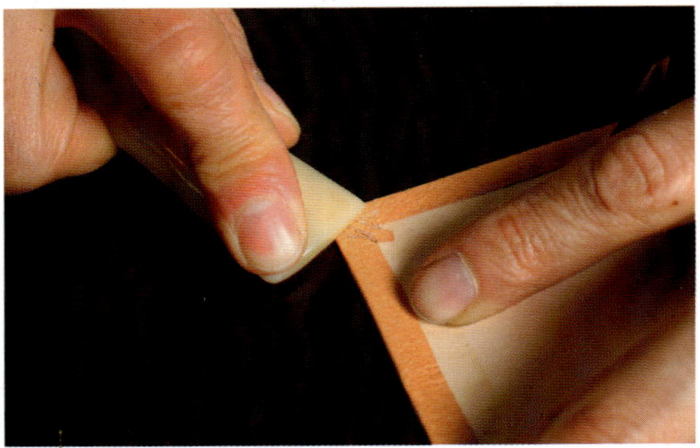

07 用牛骨棒按压平整。

制作好 4 个均等的褶子并黏紧后，从根部将褶子剪掉。如果使用弯刃剪刀，便会非常方便。用裁皮刀将剩余的褶子削除，用牛骨棒按压平整。至此，边角处曲线部分的收褶作业就完成了。以相同的方法，制作另一块芯材板。

制作拉手

两块芯材板制作完成后，制作底板中央的拉手。根据纸型，裁切出拉手皮革。然后在缝合前打磨好侧边。底板上的拉手是所有部件中唯一没有内衬的部件，肉面层直接暴露在外，因此需要仔细打磨，以抑制毛糙。打磨方法与侧边相同，涂上边缘处理剂（赤菜），用牛骨棒的直角部分打磨即可。打磨完成后，用装饰边线器画出装饰线。

用边线器在双直角边画出 3mm 宽的缝合线，并用菱斩打出线孔。线孔的数目可以是奇数，也可以是偶数，但为了能漂亮地缝合到底板上，一定要确保线孔左右对称。

用圆锥在缝合线的中点做出记号，以确保之后可以正确无误地贴到底板中央。做记号时注意，用圆锥轻轻刺出一个自己可以勉强辨识的印记即可。

01 用砂纸打磨侧边。

02 涂上染料。

03 涂上赤菜，用布打磨。

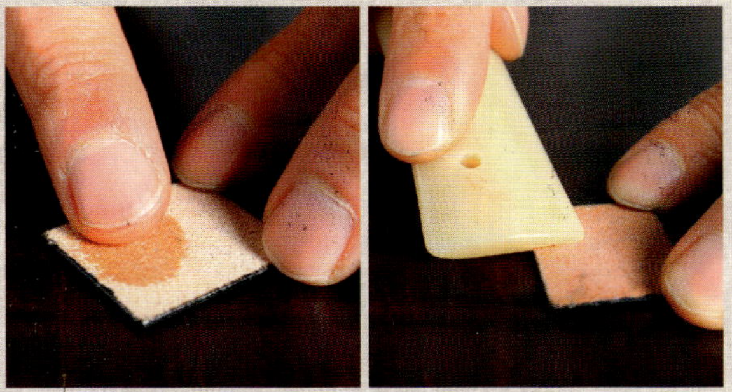

04 在肉面层上涂上赤菜，用牛骨棒打磨。

05 肉面层的毛糙处理完成后的状态。

06 画上装饰线。

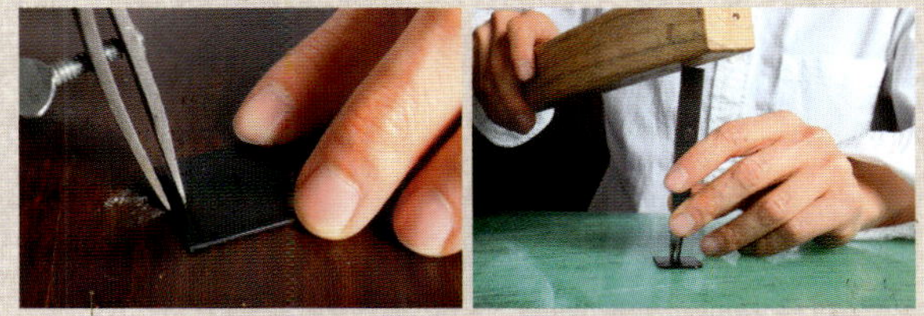

07 在双直角边上画出 3mm 宽的缝合线，并打出线孔。

08 在缝合线的中点做出记号。

缝合

此处开始缝合两块芯材板。在其中一块芯材板的长边做出中点记号。同拉手的中点记号一样，只用刺出一个自己可以勉强辨识的印记即可。将拉手贴在芯材板的对应位置处，对准两个中点记号，在拉手两侧的芯材板上做出重叠范围的记号。

在两块芯材板的四周画出 3mm 宽的缝合线，并打出线孔。打孔时，从重叠范围的一个记号开始，打孔一圈后，到另一个记号结束。请参考图示。

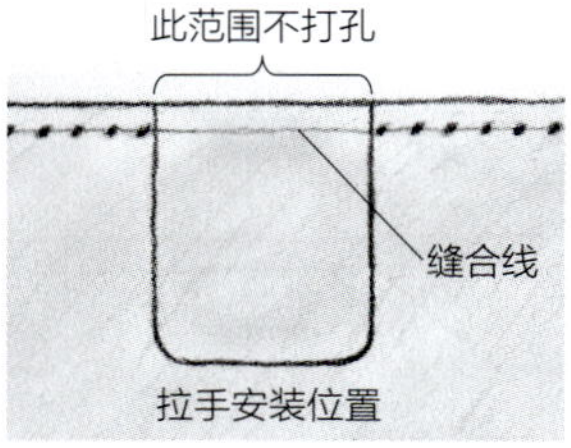

一块芯材板打完线孔后，另一块芯材板的打孔作业就是最大的难点了。由于两块芯材板会分开打孔，然后贴合在一起缝合，因此，线孔的数量要一致，线孔也要一一对应。为了复制刚才打孔的位置，需要将两块芯材板并排放在一起，拉手也要准确地放在安装位置处。在这个状态下，将拉手上的线孔描摹到另一块芯材板上。只要能描摹出几个基准线孔，之后就能用同样的菱斩打出同样位置和数量的线孔。

但是，这样的方法只有熟练的匠人才能做到。如果不熟练，错位的可能性非常高。因此，建议还是每打数个孔，就确认一次位置，这样会提高准确度。

此外，两块芯材板分开打孔的优点是底板的两面都能拥有漂亮的线孔。如果重叠后用菱锥戳穿，背面就不能打出如表面般漂亮的线孔。

到这里，成功就近在眼前了。用美工刀刮粗两块

01 在其中一块芯材板的长边做出中点记号。

02 对准中点记号，贴合上拉片并在其两侧做记号。

03 在两块芯材板的四周画出 3mm 宽的缝合线。

04 除拉手的安装范围外，其余皆打出线孔。

05 将两块芯材板并排放在一起，描摹拉手位置的基准线孔，然后用同样的菱斩打孔。

06 用美工刀刮粗芯材板背面的皮革。

07 给整个芯材板背面涂上橡胶糊。

芯材板背面的皮革，再将两块芯材板整个背面都涂上橡胶糊后黏合。安装上拉手。拉手无须刮粗，只给缝份部分涂上橡胶糊，暂时固定即可。由于起针处一般要比收针处的针脚牢固，因此从靠近拉手的一侧开始，朝向拉手的方向缝合。这样，拉手处的稳固程度便能得到有效的提升。缝到拉手处时，先用圆锥戳穿拉手上的线孔后再缝合。此外，拉手两侧的高低段差处皆要进行二重缝，以进行补强。

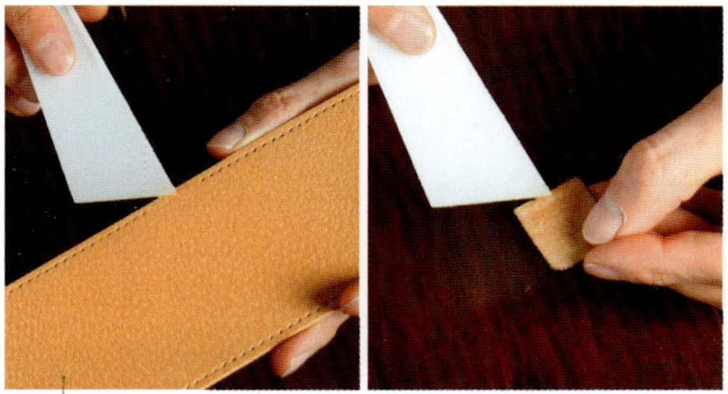

08 在拉手的缝份和底板的拉手安装位置处涂抹橡胶糊。

09 黏合两块芯材板，用推轮滚压紧实。

10 安装上拉手。

11 用圆锥戳穿拉手上的线孔后再缝合。拉手两侧的高低段差处皆要进行二重缝，以进行补强。

Handle

提手

下面介绍医生包的最大的亮点——提手的制作方法。医生包的提手的立体感非常强，犹如黏土捏成的一般。让人意想不到的是，这种立体的造型，是由皮革这种平面素材巧妙地组合而成。利用皮革的伸缩性，可以制作出如此饱满形状的部件，而且摸起来既细腻又有弹性，让人不禁感叹皮革工艺的神奇。

看到这么夸张的开场白，你可能会认为这是一项非常有难度，而且需要特殊技术的作业。但其实并非如此，同样是裁切、削薄、黏合、缝合、打磨这些工序，工具也只是需要使用最基本的工具。硬要说特殊的地方，那么就是这里需要用到卡尺。卡尺会方便作业，降低制作的难度。只要按照步骤认真制作，就没有什么困难了。

但是，为了将提手制作得更漂亮，要注意以下几个要点。首先，由于内部的芯材是立体状的，因此要随时检查两端是否平衡和对称。一边塑形，一边检查。其次，您所切削出来的芯材的形状，就是之后做成提手后的形状。切削时要想象提手的感觉，不断调整。也正因为如此，即便同为职业匠人，制作出的提手的感觉也会完全不同。因此，这可以说是最能体现个性的部分了。最后，用包覆革包覆提手时，请耐心地沿着切削好的芯材的形状进行包覆。乍一看，提手的形状好像很难包覆，但皮革本身就是由动物的皮制成，伸缩性非常好。只要不弄错皮革的厚度，慢慢花时间进行包覆，那么一定能制作成我们想要的效果。

Tool Check!

◎卡尺

裁切出芯材并黏合

裁切出提手的三种芯材，分别是本型革、衬垫革、中心芯材，黏合后进行塑形。衬垫革可以说是提手的主芯材，可以增加提手的厚度。提手厚度可以根据个人喜好进行调整。较为厚实的提手比较合适外观端重的医生包。

黏合衬垫革的零件，制作出主芯材。本书中的医生包的提手两侧各需要使用厚约8.5mm的主芯材。考虑到之后会进行切削，分别重叠3片3mm厚的衬垫革，制作成9mm厚的主芯材。若使用其他厚度的皮革，则自行调整数量，以确保厚度。

刮粗皮面层，涂上橡胶糊后黏合。皮面层较为强韧，将皮面层和肉面层黏合后可提高强度。

01 裁切出衬垫革。

02 裁切出本型革。

03 裁切出中心芯材。

04 用卡尺测量衬垫革的厚度，调整为厚约9mm即可。

05 刮粗衬垫革零件的皮面层。

06 在所有的黏合面上涂上橡胶糊。

07 黏合后用推轮滚压。

主芯材塑形

此处需要对衬垫革黏合成的主芯材进行塑形。用裁皮刀将主芯材切削成漂亮的圆弧形状。从主芯材的肉面侧开始切削。坚韧的皮面层朝向内侧，能够提高提手的强度。此外，切削时将裁皮刀的刀刃（不是平的那面）朝下，可以比较轻松地控制刀刃的方向。本节开场时已经提到过，请一边切削，一边检查左右的平衡与对称。同时，也要注意，提手两侧的主芯材的形状要统一。不仅要用眼观察，而且最好用手实际触摸一下。

什么形状的提手比较好，这个是因人而异的，但主要还是考虑外观与使用时的舒适度。可以试着像提着包一样，将从食指到小指的指头弯曲，握住主芯材（食指和小指的第二关节比较接近手掌，中指和无名指则较远）。握住时，提手的外侧圆弧状可以与整个手掌均等地接触，没有任何的不适。这样的提手或许可以称为“好拿”，但是这样的“好拿”标准因人而异。想要做出完美、舒适的提手，还请各位坚持自己的理想，细心体会吧。

本书在塑形时，只用了裁皮刀进行切削，并没有使用其他工具。但其实是可以先用裁皮刀切削成一定的形状后，再用刨子进行细微的调整。刨子的切削量很小，比较花费时间，因此，一般到最后阶段才会使用刨子。

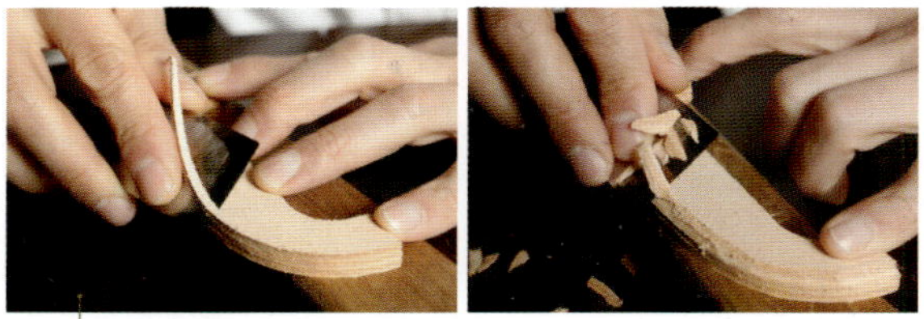

01 削切侧边的边棱。

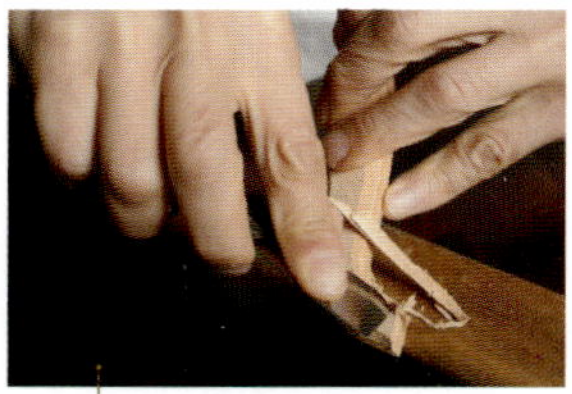

02 进一步削切边角，削成圆弧状。

03 将表面调整为光滑的曲线。

04 塑形完成的状态。

整理成漂亮的形状后，将两端进行斜向裁切。在距离两端上角边缘 10cm 的位置处做记号，用裁皮刀从记号处向端部下角斜切。如果一次没有切断，则需要一点点地裁切平整。到这里，我们的衬垫革（主芯材）就完成了。

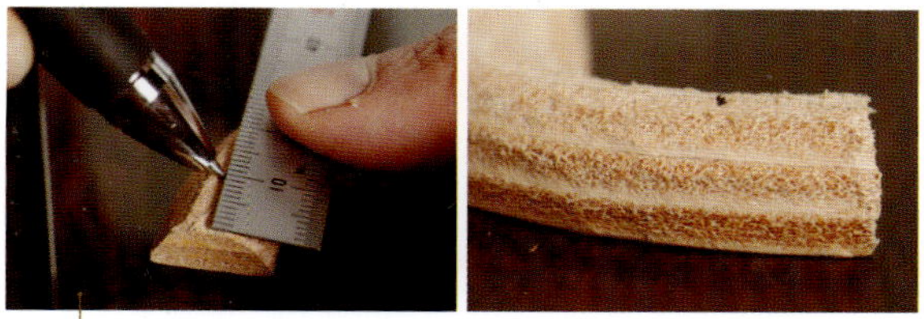

05 在距离两端上角边缘 10cm 的位置处做记号。

06 用裁皮刀从记号处向端部下角斜切。

在本型革两侧贴上衬垫革

从这里，我们就要开始制作提手的形状了。

芯材的组合方法请参考下面的示意图。在本型革的外侧贴上衬垫革，然后将本型革对折弯曲，在中间夹入中心芯材。对折后的本型革的两端内部会留出空隙通道，之后就可以穿过提手座以进行固定了。

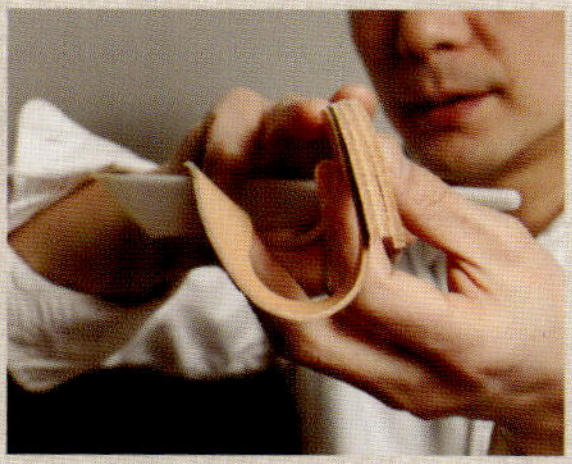

看到成品的提手，很多人可能无法想象其构造。这里不妨仔细观察一下下方的示意图，是不是比我们想象的构造简单很多？

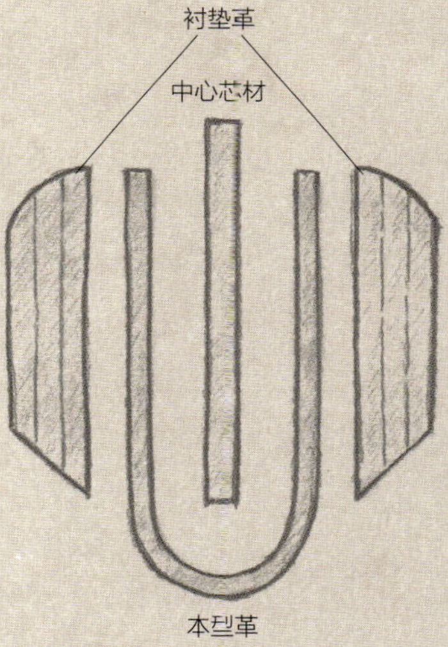

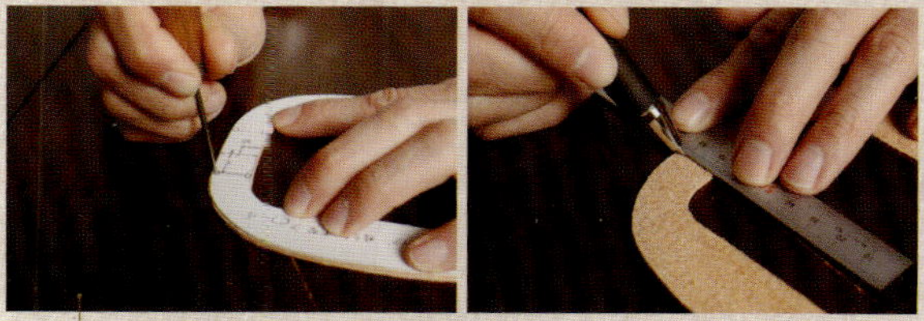

01 在本型革上画出黏合衬垫革的记号。

根据纸型，在本型革的肉面层上画出黏合衬垫革的记号。这里说明一下，本型革在对折时是将皮面层向内侧对折，因此这里黏合衬垫革的是本型革的肉面层。在黏合范围内涂上橡胶糊，然后将衬垫革对齐贴合。为了黏合在正确的位置，这里要使用纸型隔离法，并且要随时注意左右两侧的对称。最后，用推轮确实滚压。

这样，本型革和衬垫革的黏合就完成了。在黏合中心芯材前，先在本型革上包覆上根部包覆革。

02 在衬垫革和本型革的黏合范围涂抹上橡胶糊。

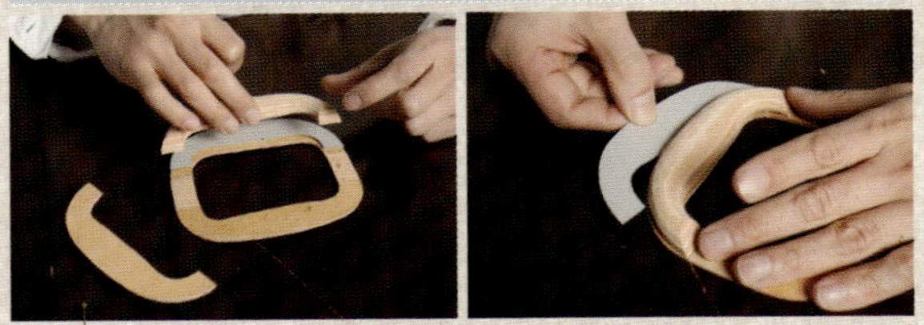

03 用纸型隔离法先黏合两侧，对准位置后，抽掉纸型，黏合整体。

04 用推轮确实滚压。

包覆提手根部

由于整个提手无法用一张皮革包覆起来，所以先在本型革的根部包覆提手座通过的部分。此处使用的包覆革为边长为 55mm 的正方形皮革。

对包覆革四边 10mm 宽的范围进行“零厚度”的斜向削薄。削薄的范围直接用直尺测量，然后用笔画上即可。用裁皮刀沿着削薄范围记号线的外侧仔细地进行削薄。因为包覆革需要随着芯材的形状进行伸缩，因此，贴合前要好好地进行揉搓，以使皮革变得柔软。对本型革的整个皮面层进行刮粗，做好黏合前的准备。

01 在包覆革四周 10mm 宽的位置处画线。

顺便说一下，皮革的伸缩性一般是很好的，但染色英国马鞍革等的伸缩性不是很好。因此，这里用染色的皮革包覆皮革制的芯材，其实是稍稍有些不太合适的。但是，染色的皮革也是可以作为包覆革的，只用提前稍微做一些处理就可以了。

02 对削薄范围记号线的外侧进行斜向削薄，削除边缘的厚度。

03 好好地揉搓包覆革，使皮革变得柔软。

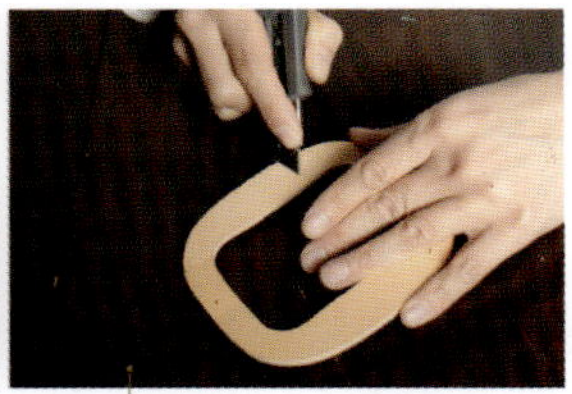

04 刮粗本型革的整个皮面层。

将本型革对折处的中央和包覆革的中央对齐放好，在本型革上画出黏合范围的记号，并在黏合范围内涂上橡胶糊。由于包覆革会缠绕一整圈，因此，黏合范围处的皮面层、肉面层、侧边以及部分衬垫革上都需要涂上橡胶糊。为了避免黏合时或黏合后包覆革浮起，稍微涂得厚一点也没关系。涂上橡胶糊的范围可以参考下方示意图。

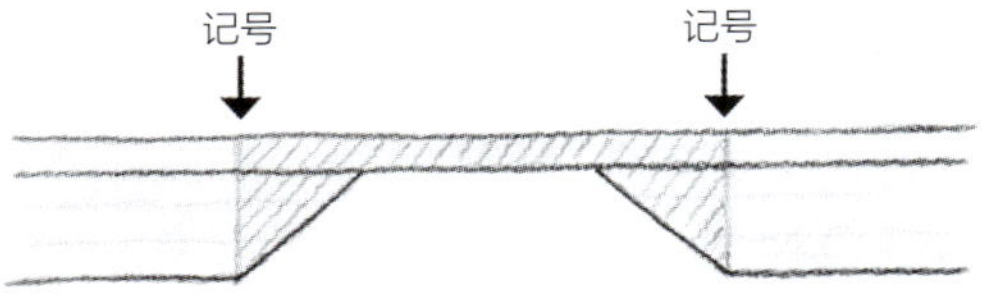

同时，包覆革的肉面层也要涂上橡胶糊。从本型革的皮面层开始，按照由外侧向内侧的方向进行包覆。包覆方式请参考 P85 的示意图。

为什么要规定包覆的方向呢？因为提手座的螺丝是由内向外插入孔洞的。若是这时包覆的方向弄反了，安装提手时，插入的螺丝可能会顶到包覆革的侧边，从而使包覆革翻起来。

虽然是琐碎的小事，但却是非常重要的细节。还请各位认真检查。

05 将本型革与包覆革对齐放好，画出黏合范围。

06 在黏合范围内涂上橡胶糊。

07 在包覆革的肉面层涂上橡胶糊。

08 将包覆革的边缘贴在本型革的皮面层上。

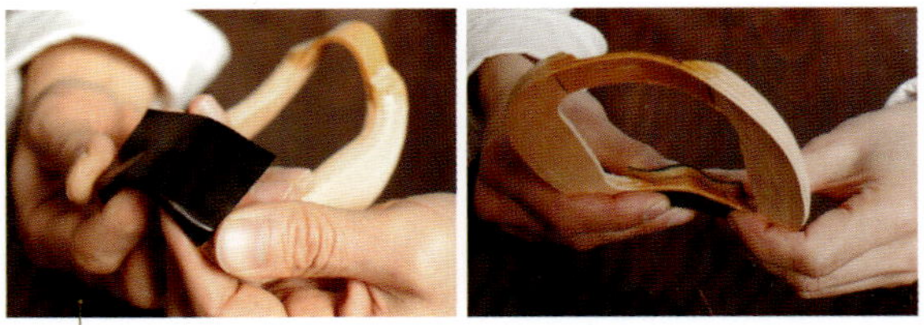

09 为了避免产生空隙，一边拉伸皮革，一边沿着本型革向内缠绕。

先黏合包覆革的边缘，然后将包覆革缠绕到本型革的内侧。这时要一边折弯本型革，一边进行包覆。由于本型革折弯处正面的曲线距离更长，所以，包覆到正面时要一边拉伸皮革，一边黏合，而折弯处背面的曲线便会自然收缩。包覆时要确实地贴平、压紧，以免产生褶皱。

再次缠绕回本型的皮面层后暂停作业。由于包覆革再次缠绕回皮面层后会与起始处重叠，而重叠处并没有涂上橡胶糊。这时在包覆革起始处的重叠范围上做出记号，然后进行刮粗，再涂上橡胶糊。

现在，就可以继续进行包覆作业了。拉伸包覆革，使其比你想象的更长。一边拉伸，一边仔细地沿着本型革进行黏合吧。本页右下方的图片是包覆完成的状态，折弯处的曲线非常平滑，没有任何的褶皱。包覆完成后要确实地进行压黏，以免脱落。

你能顺利完成这样漂亮和平滑的包覆作业吗？之后还要用更大的皮革来包覆整个提手，所以把此项作业当作热身项目进行练习吧！

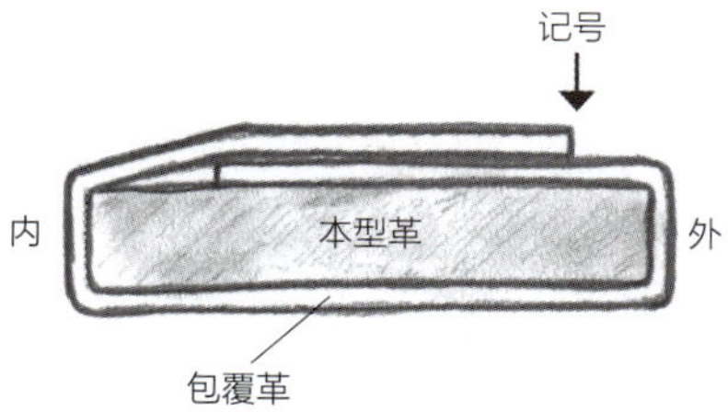

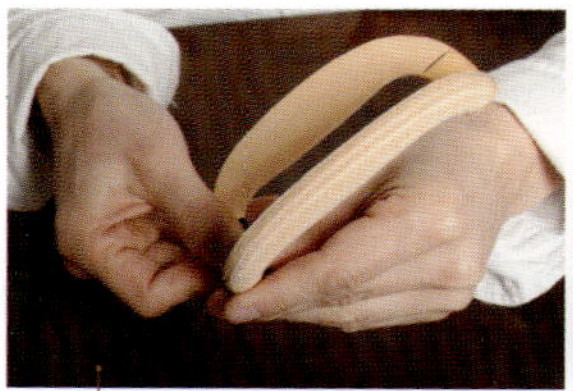

10 将包覆革缠绕一圈。

11 在包覆革起始处的重叠范围上做出记号。

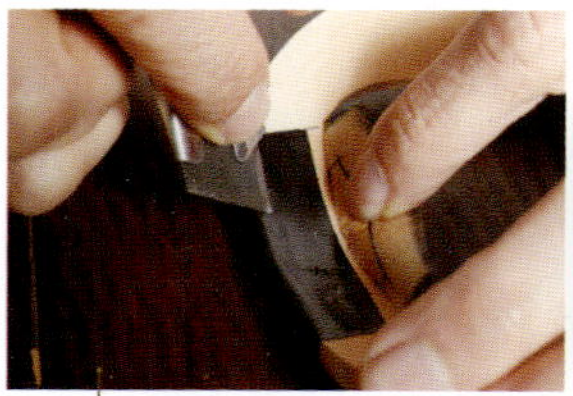

12 刮粗包覆革的重叠范围。

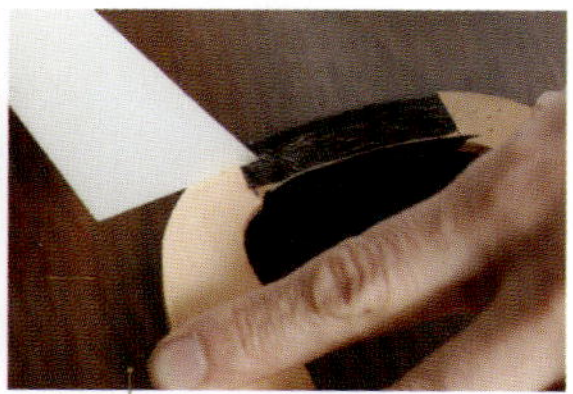

13 在刮粗后的范围内涂上橡胶糊。

14 一边拉伸皮革，一边沿着本型革进行黏合。

黏合中心芯材

将中心芯材夹入本型革中间，并进行黏合。这样，提手的形状就基本完成了。

中心芯材在夹入本型革中后，其两端的直线侧边部分仍然可以隐约看到，因此，要事先对侧边进行打磨。在本型革的皮面层放上中心芯材的纸型，画出中心芯材的黏合范围，并进行刮粗。由于黏合范围内有一部分是包覆革的重叠部分，因此，这部分包覆革的皮面层也需要刮粗。在本型革的皮面层和中心芯材两面的黏合范围内涂上橡胶糊。由于本型革在对折黏合后，仍然具有很强的张力，所以此时的橡胶糊要涂得比平时更多一些。

接下来，利用纸型隔离法，一面一面地仔细黏合。夹入纸型，先根据记号，将中心芯材的两端贴合。这时不仅要参考记号，而且要注意观察整体的平衡。是否一边倾斜了？是否内侧的线条偏离了？检查好之后，就可以慢慢抽出纸型，并确实黏合在正确的位置上。

顺便说一下，将中心芯材和本型革内部的记号线对齐并黏合后，中心芯材的上部会突出约 10mm 左右。突出的部分会在给整体包覆上包覆革并缝合后被削除。

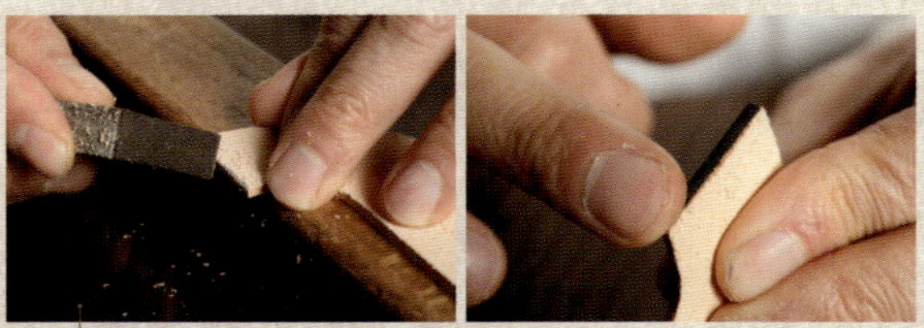

01 用砂纸打磨中心芯材两端的侧边。

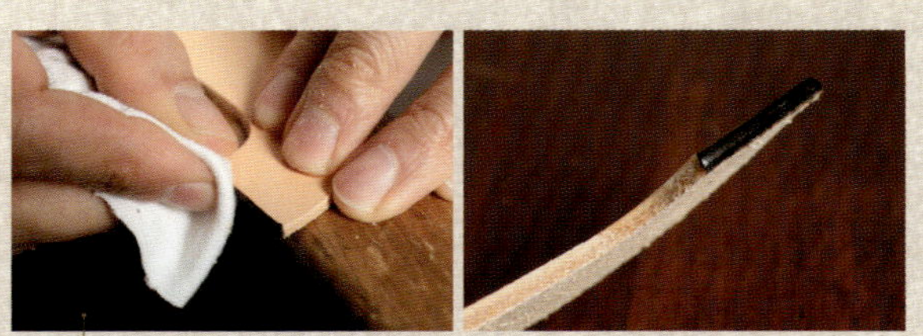

02 涂上染料后，用边缘处理剂（赤菜）完成打磨。

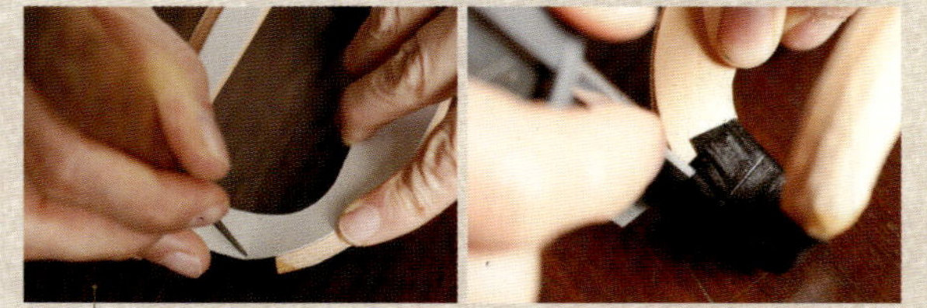

03 放上纸型，画出中心芯材的黏合范围。刮粗黏合范围内包覆革的皮面层。

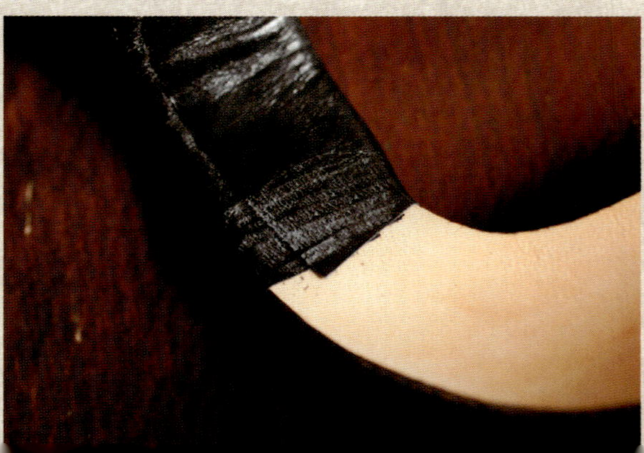

接着黏合好另一面，提手的造型就完成了。黏合时，可以闭上一只眼睛，从侧面观察是否左右对称。此时，优先对齐左右两边衬垫革的上边曲线（因为底部可以稍后进行修整）。

人的眼睛对于形状的歪曲比想象中要敏感得多。如果观看时有不协调的感觉，那么则很有可能是左右不对称。请相信你的眼睛，把形状调整到最完美。如果无论如何也确认不了，也可以用手触摸，感受一下。

04 刮粗中心芯材的皮面层。

05 在中心芯材的两面涂上橡胶糊。

06 在本型革的皮面层涂上橡胶糊。

07 夹入纸型，将中心芯材其中一面的两端贴合。

08 抽掉纸型，将中心芯材的其中一面完全黏合。

09 从侧面观察是否左右对称，然后黏合另一面。

10 确实按压黏紧。

缝合提手根部

在给整个提手包覆起来之前，先将提手根部缝合起来，以做补强。在衬垫革两端的斜面上打出 4 个线孔。打孔时，菱斩要垂直于斜面，因此，菱斩是斜着进行打孔的（参照示意图）。另一面也打出 4 个线孔，并用圆锥贯穿。由于此处太厚，一次不能打穿，因此，先在两面各打入一半的距离，然后用圆锥贯穿。

从提手根部外侧的孔开始缝合，缝到内侧的孔后，进行回缝。两侧皆回缝一针后，其中一侧回缝到起始孔后，再回缝一针。这样，所有的线孔都被缝合了两次，并且两侧的缝线被从同一面中间的两个线孔拉出。在线孔外侧将两条缝线打死结，并涂上白胶进行固定。

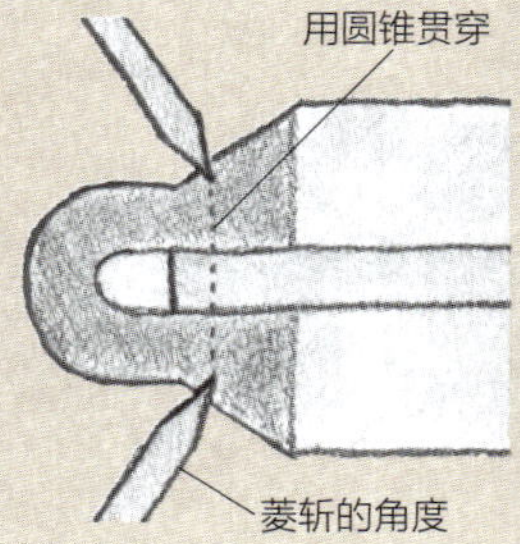

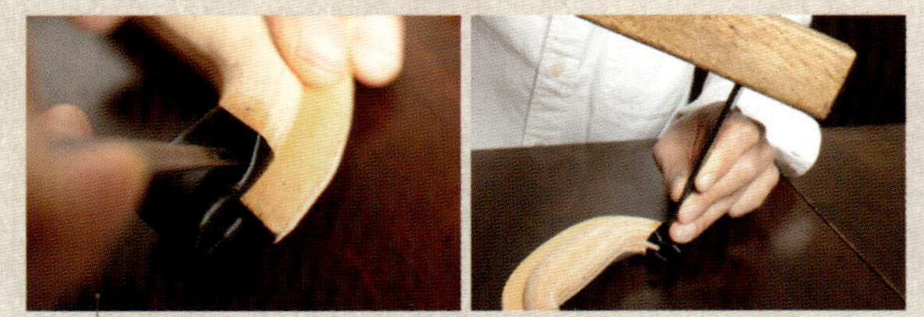

01 在衬垫革两端的斜面上打出 4 个线孔。两面各打出一半的距离。

02 用圆锥贯穿两面的线孔。

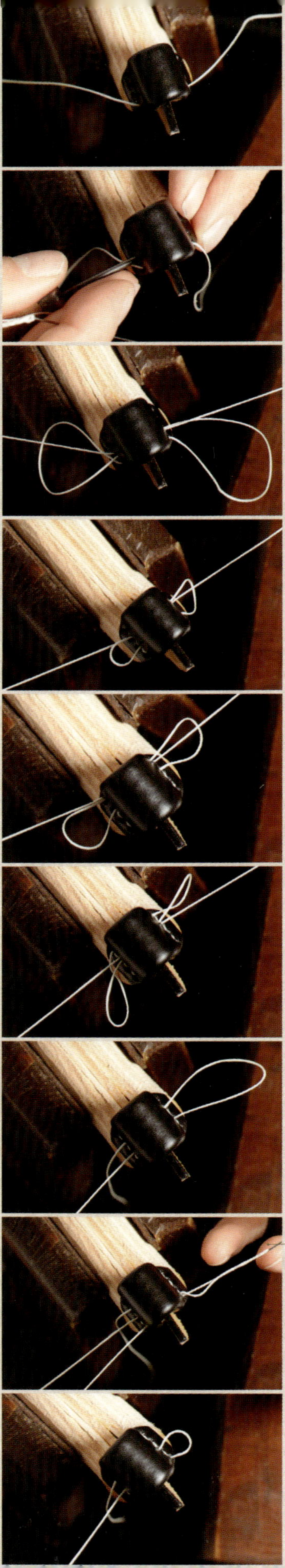

03 缝合提手根部。

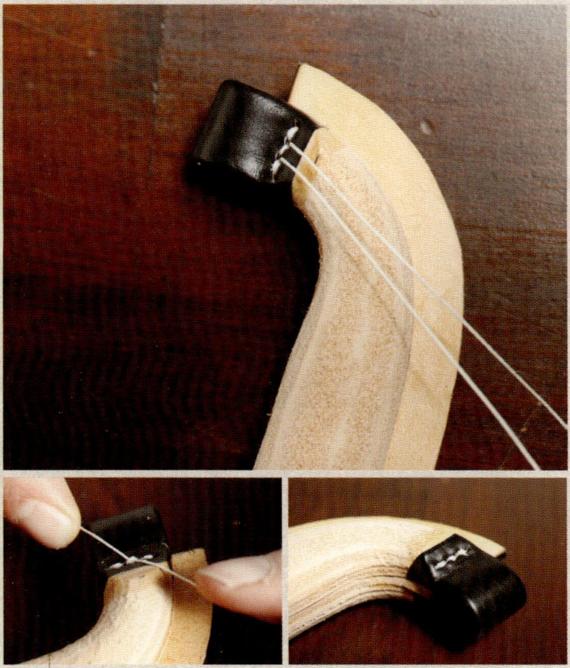

04 将两根缝线从同一面拉出，打死结后固定。

提手两端的根部缝合好之后，再对提手的形状进行一次修整。用裁皮刀削除提手内侧衬垫革和中心芯材的段差。然后用砂纸打磨整个提手，修整形状，并将提手表面打磨光滑。在给整个提手包覆起来之前，好好地提高内部芯材的完成度吧！

05 再次修整提手的形状。

制作整体的包覆革

这里需要准备和处理包覆整个提手的包覆革。

整体包覆革是由两片如同复古电话话筒造型的皮革零件组成。这里需要以皮面层朝内的状态，将两片皮革零件的下边曲线缝合。缝份之后会藏于提手内部，此时需要将缝合后的缝份部分铺开并黏合，这就是所谓的“缝份平摊”。

为了方便缝合，要提前将两片零件下边的曲线部分进行削薄。用边线器在下边曲线的边缘画出7mm 宽的记号线，作为削薄的基准线。边线器画的线可能比较模糊，因此要用笔重复画一遍，描摹准确。

01 在整体包覆革两片零件下边曲线的边缘画出 7mm 宽的削薄记号线。

以斜向削薄的方式削薄下边曲线边缘的厚度。削薄时可以将牛骨棒垫在下方，使削薄部位突出，便于进行准确削薄。削薄好之后，将两片零件两端的直线部分的侧边进行打磨，并画出装饰线。由于下边曲线会隐藏在提手内部，因此无须打磨。上边曲线则在缝合后才进行打磨。

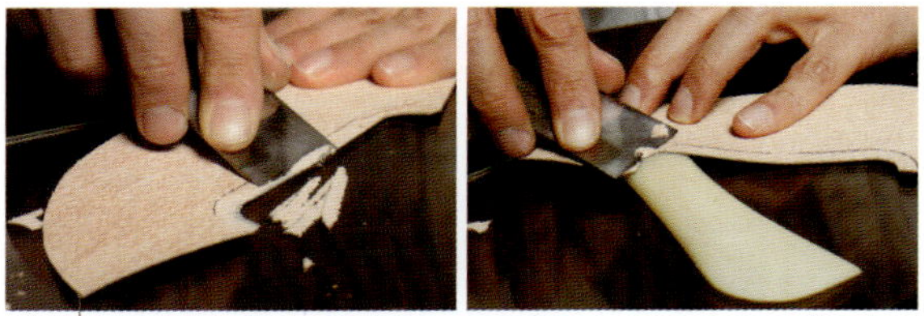

02 以斜向削薄的方式削薄下面曲线边缘的厚度。

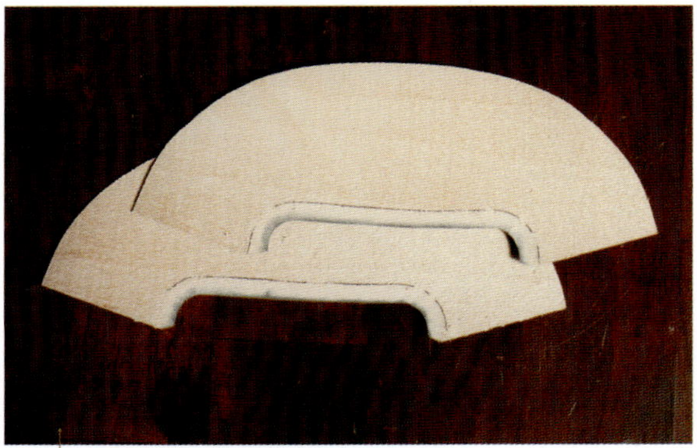

03 两片零件皆要进行削薄。

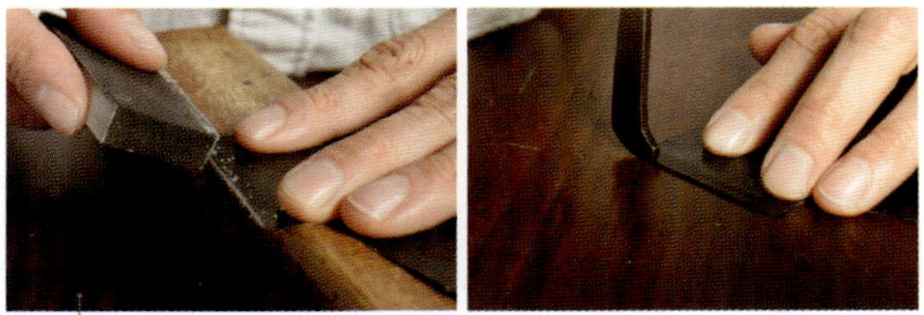

04 打磨两端的直线部分的侧边。

由于下边的曲线缝合后缝份需要平摊，所以无须黏合。但为了避免缝合时两片零件发生偏移，因此，先在其中一片零件下边曲线的缝份（皮面层）上涂上少量橡胶糊，暂时固定。将两片零件的皮面层对齐贴合，然后在下边曲线的边缘画出 5mm 宽的缝合线，打入线孔后进行缝合。起针处要跨过边缘，进行双重缝，以做补强。以平缝缝合到底，收尾处也需要跨过边缘进行双重缝。最后，将线头进行固定。

此处推荐使用黑色（与皮革表面同色）的细线。但注意，只有这个部分使用黑线。因为如果使用白线，则缝合后翻到正面，仍会从针脚中看到显眼的白线，非常不美观。

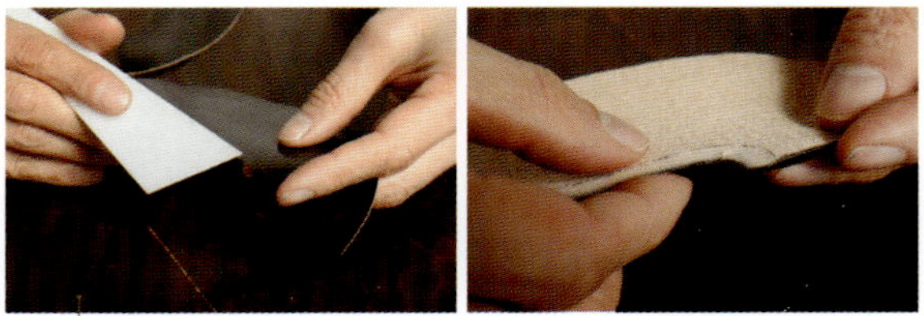

05 在其中一片零件下边曲线的缝份上涂上少量橡胶糊，然后将两片零件对齐贴合。

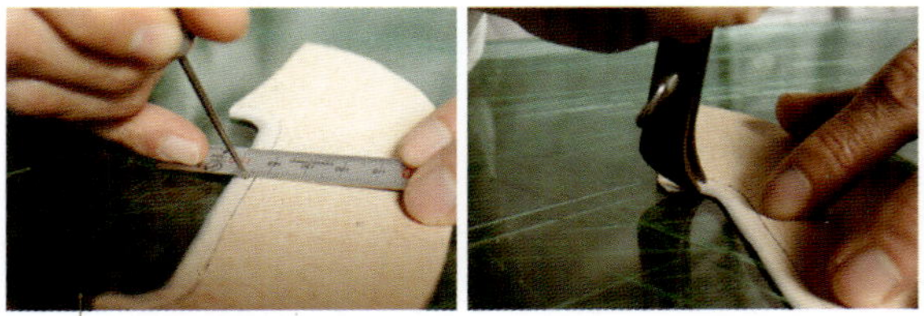

06 在下边曲线的边缘画出 5mm 宽的缝合线。

将线头固定好之后，便可将缝份平摊开来。拨开用橡胶糊暂时固定的缝份，以按压的方式将缝份向外侧摊开。用牛骨棒进行刮压，将缝份压出折痕的同时，压平皮革重叠处的段差和凹凸不平。由于缝份的形状比较立体，彻底打开且摊平具有一定的难度。但为了美观，还是要确实地进行刮压，折出明显的折痕。如果这里没有折好折痕，之后涂上橡胶糊后也不容易黏紧。

07 根据缝合线，打出线孔。

08 起针处要跨过边缘，进行双重缝，以做补强。

09 收尾处也要进行双重缝，然后固定好线头。

［缝份平摊示意图］

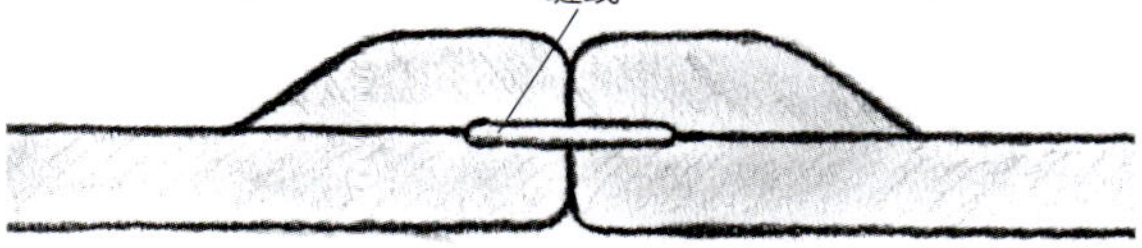

10 贴近缝线，平摊缝份。用牛骨棒刮压，压出折痕。

折好折痕之后，在缝份的肉面层上涂上橡胶糊。在黏合前，先在曲线部分切出 3 处放射状的切口，这样就可以避免产生褶皱，也能黏合得更紧。

将缝份部分摊开黏合吧。沿着之前折好的折痕贴合，用牛骨棒进行刮压，便能轻松地将缝份黏合。

黏合曲线部分时需要使用一点技巧。若是在平坦的桌面上进行黏合和刮压，缝份处的皮革可能会因伸展而出现扭曲。这时，可以将边线器或装饰边线器的木柄作为刮压用的工作台，但作业时请注意使木柄工作台保持稳定。

将缝份完全平摊黏合好之后，与根部包覆革一样，反复揉搓整体包覆革，使皮革变得柔软。“快快变成我想要的形状吧”，一边说着，一边揉搓。

11 在缝份的肉面层上涂上橡胶糊。

12 在曲线部分画出 3 条放射状的记号线。

13 根据记号，切出切口。

14 平摊缝份并黏合。

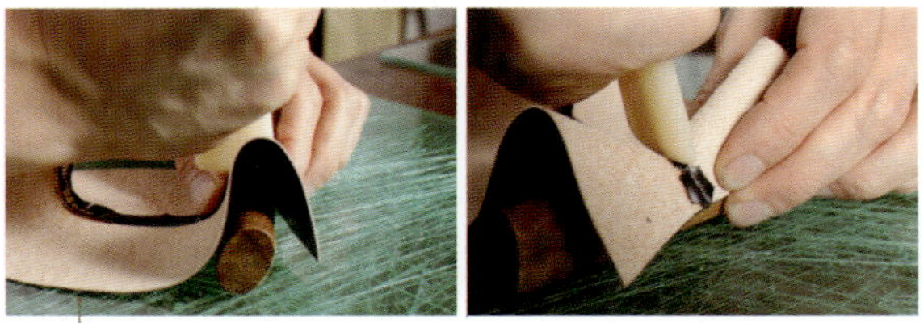

15 曲线部分可放置在边线器的手柄上进行刮压。

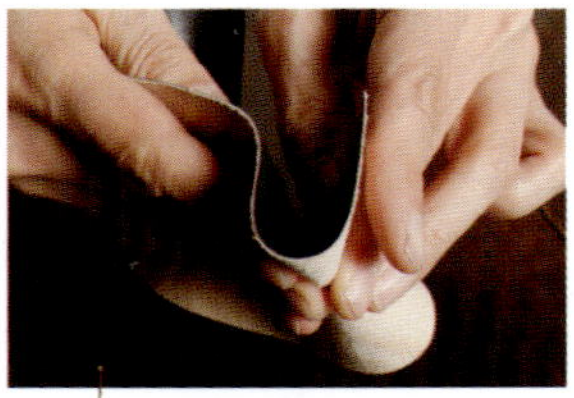

16 将皮革揉搓，使其软化。

包覆整个提手

在涂上橡胶糊前，先刮粗根部包覆革部分范围，即衬垫革两端斜面部分及其侧边的根部包覆革的皮面层。注意，要确保刮粗的部分在包覆上整体包覆革后不会显露在外。同时，刮粗时不要伤及缝线。

在整体包覆革的整个肉面层、提手芯材的肉面层以及刮粗后的根部包覆革上涂上橡胶糊。虽然由于形状凹凸不平，涂抹起来非常困难，但是为了避免包覆革黏合不牢，此时一定要仔细地涂抹橡胶糊。

开始包覆整体包覆革。先黏合两端，决定黏合位置。将整体包覆革的边缘和斜面部分刚才刮粗的位置（斜面部分的分界线）对齐，将整体包覆革中央的缝线与提手内侧的中央（中心芯材的中央）对齐。调整好黏合位置后，先包覆整提手根部（根部的针脚会被隐藏起来），并确实黏合紧。两端黏合后，整体包覆革中间的皮革便会像多了一样浮起来。将这部分仔细地压平并黏合。注意，缝份部分要和提手内侧的中心对齐，均等地黏合紧，以免产生褶皱。如果褶皱很多，则可以用牛骨棒进行刮压，消除褶皱。

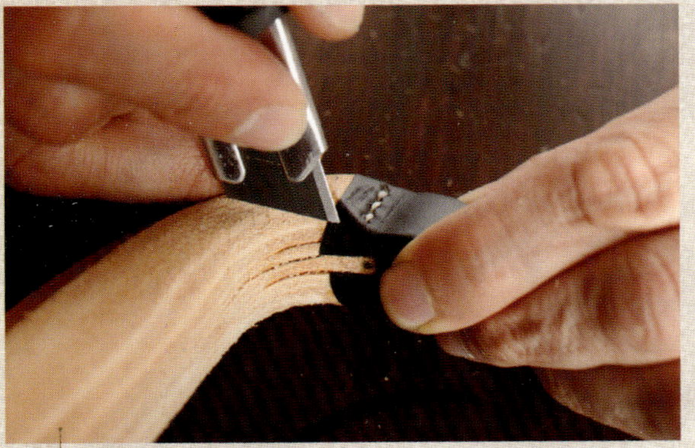

01 刮粗根部包覆革部分范围的皮面层。

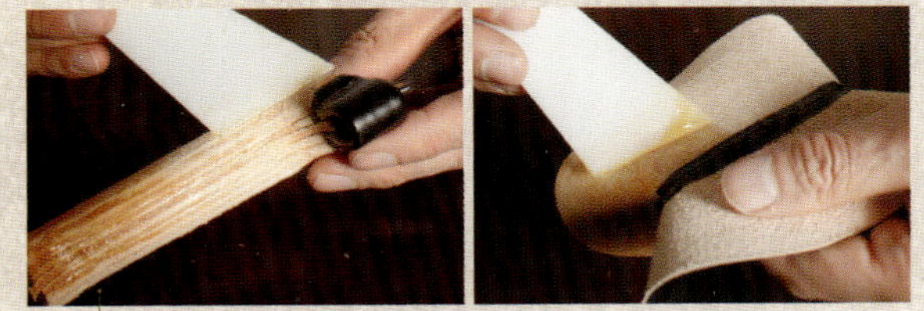

02 在整体包覆革的整个肉面层和提手表面涂上橡胶糊。

03 对齐缝线和提手内侧的中央，包覆革的边缘和斜面部分的分界线。

04 黏合两端。

05 先包覆根部内侧。

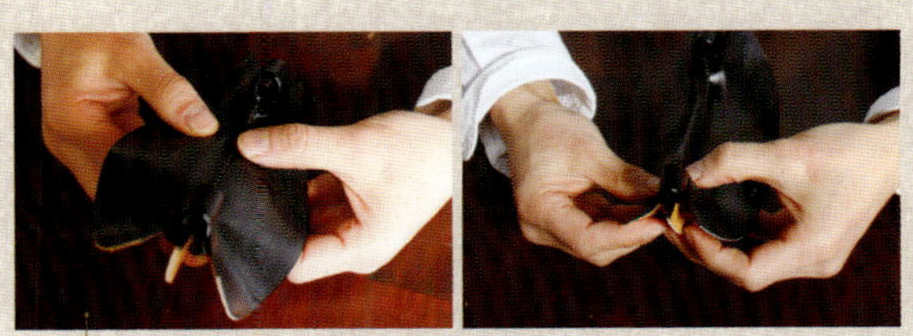

06 黏合缝份部分，注意防止产生褶皱。

接下来开始包覆提手的外侧。由于外侧的距离很长，因此，要一边拉伸皮革，一边黏合。注意防止产生褶皱。黏合到提手中央的中心芯材后，配合两侧的凹槽，将皮革捏紧贴合在一起。这项作业的手法，形象地来说，其实就像包饺子一样。用牛骨棒沿着中心芯材的凹槽用力地刮压，使包覆革与中心芯材紧紧地黏合在一起。

将提手整个包覆好后，用牛骨棒仔细刮压，将所有褶皱和浮起的部分刮平。特别是提手的内侧，要用心刮压，以免皮革浮起或产生褶皱。

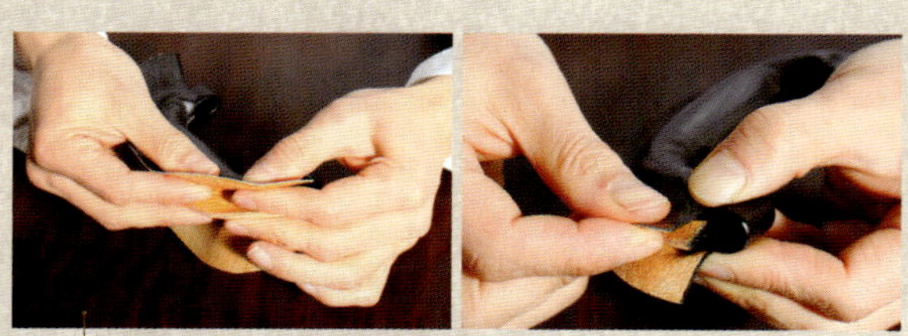

07 拉伸皮革，黏合提手的外侧。

08 以将中心芯材夹住的状态黏合包覆革的边缘。

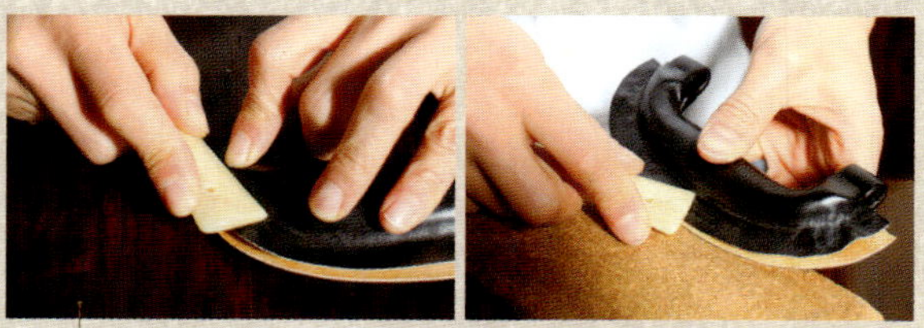

09 用牛骨棒的角刮压中心芯材的凹槽部位，使包覆革服帖。

10 对整个提手进行刮压，特别是提手内侧。

缝合

整个提手包覆完成之后，就可以开始缝合包覆革的边缘了。首先，沿着中心芯材和衬垫革间的凹槽进行打孔。注意，尽量使菱斩向内侧倾斜打孔，这样，线孔才能紧紧地挨着衬垫革。只要亲手制作一下便可以了解，若是垂直打入菱斩，不论怎么接近衬垫革，打出的线孔总是会因为菱斩的厚度而不能紧紧挨着衬垫革。

另外，由于需要缝合的部分很厚，所以要从两侧打孔后，再用圆锥贯穿。注意，两侧线孔的位置要一一对应，数量要相同。

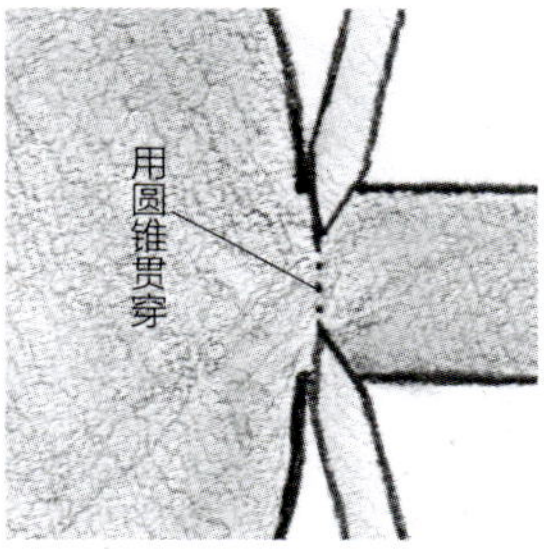

01 沿着中心芯材和衬垫革间的凹槽打出线孔。

02 菱斩要稍微倾斜，向内侧打孔。

从提手正面侧面看着，用圆锥做上线孔记号。无须做出所有的线孔记号，制作几个有参考意义的线孔记号即可。做好记号后，便可根据记号在另一侧打出线孔。

03 从提手侧面看着，在另一侧做上线孔记号。

04 根据记号在另一侧打出线孔。

两侧都打好线孔后，用圆锥贯穿并缝合。如果感觉一边贯穿线孔，一边缝合比较困难，那么也可以先将所有的线孔贯穿，然后再进行缝合。两端（起针处和收尾处）的缝线要跨向外侧，进行双重缝，以做补强。此外，由于缝合部位很厚，因此缝合时要用力拉进缝线。

缝合完成后，提手就基本成形了。到这里，拉伸皮革、塑形等让人紧张的有难度的作业终于完成了。不过，这里还有一点细节的工作要做，还请各位先别松懈，继续用心制作到最后。

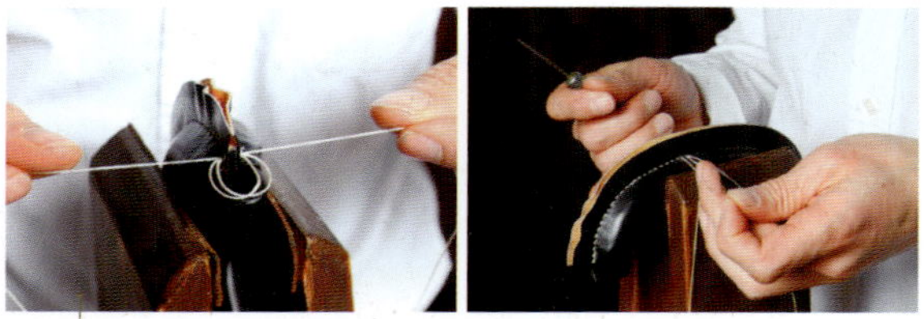

05 开始缝合。两端要进行双重缝，以做补强。

下面需要裁切掉中心芯材和整体包覆革的多余部分。将边线器设定为 3mm 宽，沿着衬垫革的边缘（缝线）画出记号线。用裁皮刀切除记号线的外侧。注意，如果一次性裁切过多，那么就无法挽回了。因此，一定要慎重，一点一点地裁切。裁切后用刨子进行修整，切削到突出缝线约 2mm 的程度即可。

06 在距离缝线 3mm 宽的位置画记号线。

07 用裁皮刀切除记号线外侧多余的皮革。

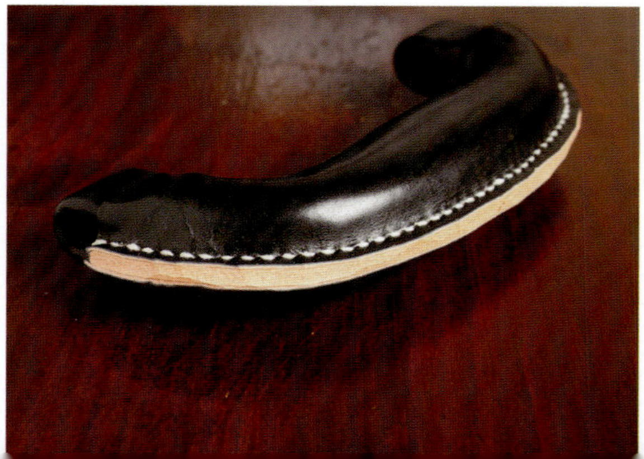

如果提手的上侧突出过多，握住时会抵住掌心，非常不舒服。因此，这里以 3mm 为基准，削切到 2mm 左右。切削完成后，要用砂纸仔细打磨，并进行侧边处理。整个提手的作业就完成了！

突破了医生包制作中的最大壁垒，心情如何呢？看着自己做好的提手，喝点茶，放松一下吧！

08 用砂纸打磨侧边，并进行侧边处理。

09 提手完成的状态。

Gusset

裆部

这里终于要进行与医生包本体相关的部件——裆部的制作了。裆部细碎零件的制作可说是拉开了终极之战的序幕，大家一定都有些紧张吧，但相信各位一定能直入敌阵，勇往直前。

医生包的裆部是由包侧裆部和包底裆部组合而成，两者缝合后用前后包身围起来即可。这是“分割连接式裆部”的一种，又被称为“手风琴式裆部（风琴褶）”或“手风箱式裆部”。将内部的隔板夹在裆部的褶子中，一起缝合。

包侧裆部与包底裆部为单独的部件，翻折包侧裆部的边缘，包住包底裆部，组合在一起。这样说不太容易理解，因此，要先了解裆部的构造，确认组合步骤，再进行制作。

裆部与隔板的缝合作业会在之后进行解说，本节只解说包侧裆部与包底裆部的缝合。下图为缝合完成的状态。看起来只是简单地将边缘缝合在一起，但为了之后便于与隔板和包身进行组合，此处还要进行折痕加工、补强配件安装等精细作业。

包侧裆部并非左右对称，这点必须特别注意。要提前确认好纸型上前包身和后包身上的标记。

制作包侧裆部

在与包底裆部组合之前，需要对包侧裆部的各个零件进行处理。参考纸型，包侧裆部表革的左上角和右上角分别有折弯的记号线。此处需要将记号周围削薄，这样才能轻松折弯。折弯方式可以参考P18 侧边裆部的图片。如下方图示，在左上角和右上角分别画出两条 U 形线。其起点到终点的直线距离为 10mm，顶点到侧边的直线距离为 30mm。然后将 U 形线内部的区域削薄，并折出折痕。

削薄这种封闭的区域，可将牛骨棒当作平台，利用其弧度，削薄随弧度凸起的范围。削薄时，要注意调整厚度，使折痕看起来像向内侧自然消失一般。

根据纸型，在包侧裆部表革的肉面层上画出之后夹住隔板侧边的长六边形标记。连接长六边形的两个端点，画出中心线（对称轴）。在中心线的左右两侧各画出一条 1mm 宽的记号线。

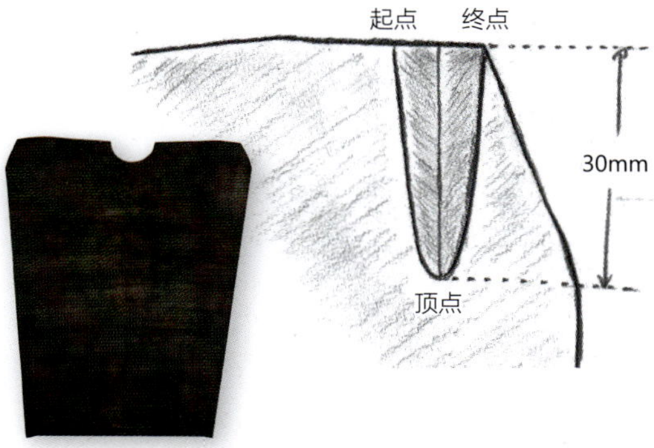

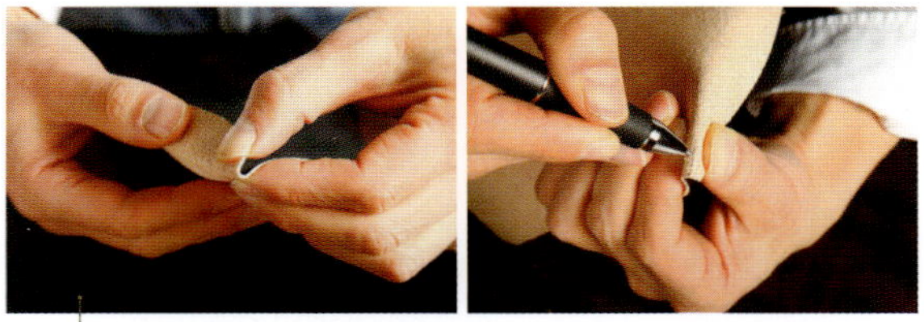

01 用笔将左上角和右上角的折弯记号线延长至 30mm，即顶点到侧边。

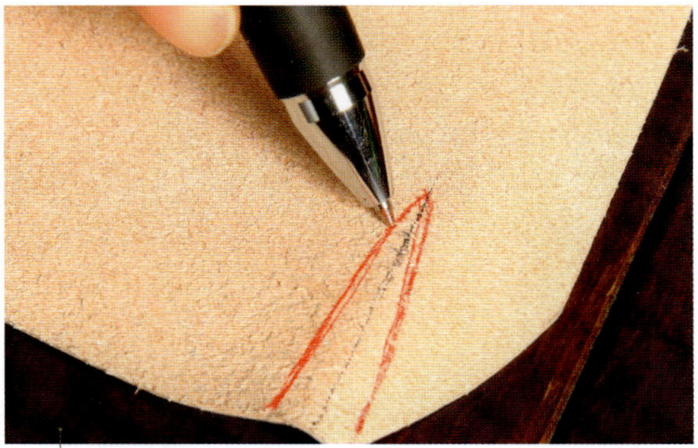

02 以折弯记号线为中心，画出 U 形线。

03 两侧皆画出 U 形线的状态。

04 将 U 形线内部的区域削薄，并折出折痕。

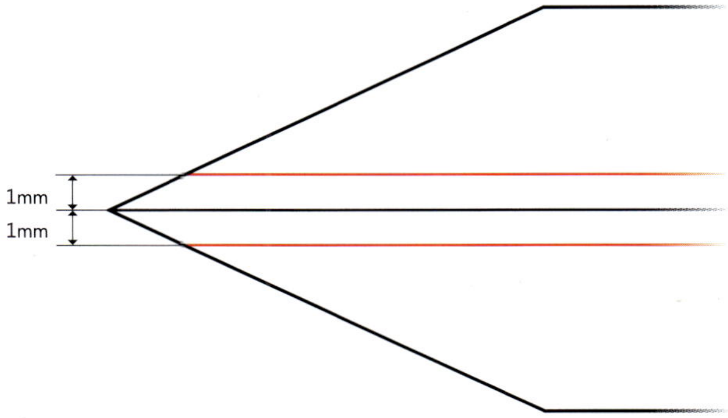

05 在长六边形标记中心线的左右两侧各画出一条 1mm 宽的记号线。

对包侧裆部里革的肉面层四周进行削薄，削薄宽度为3mm，削薄厚度为仅剩皮面层的“零厚度”（无限接近于0）。

接着继续处理表革零件。在表革下方两个角距离边缘10mm的位置处，各切出一个10mm宽的切口。两切口分别与两侧边平行，形成两个10mm×10mm的正方形。

画一条线（距离下边边缘10mm），将两切口连接起来。在其内侧2mm位置处再画一条平行线（距离下边边缘12mm）。前者是折弯线，后者是削薄线。对削薄线的外侧（切口间部分）进行段差削薄，并根据折弯线进行折弯，折出明显的折痕。由于事先已进行削薄，所以折起来应该很轻松。

另一侧的裆部同样要进行以上作业。

06 对里革的四周进行3mm宽的“零厚度”削薄。

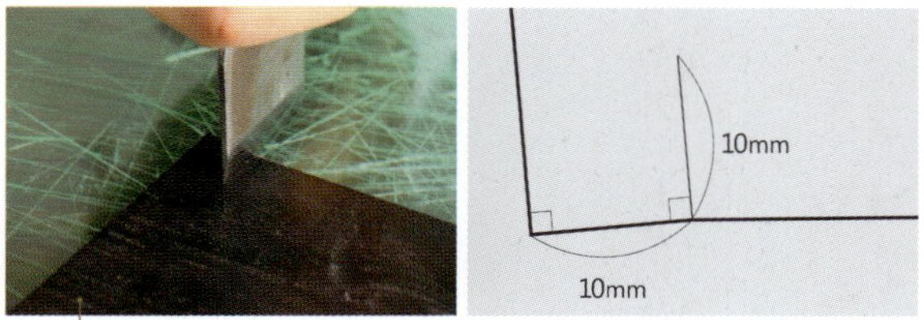

07 在表革下方两个角距离边缘10mm的位置处，各切出一个10mm宽的切口。

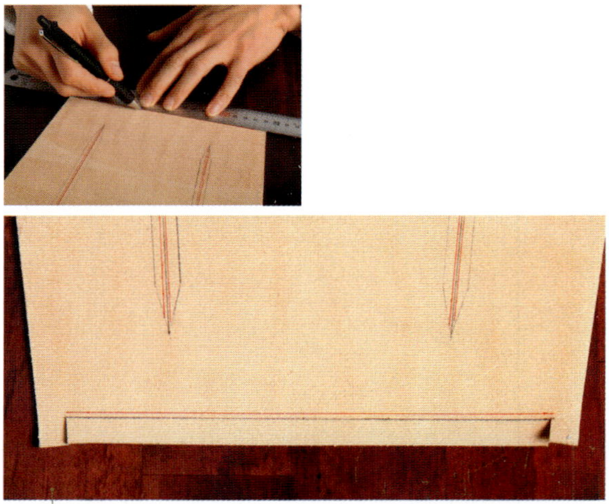

08 画一条线连接两切口，并在其内侧2mm处再画一条平行线。

09 对削薄线的外侧（切口间部分）进行段差削薄。

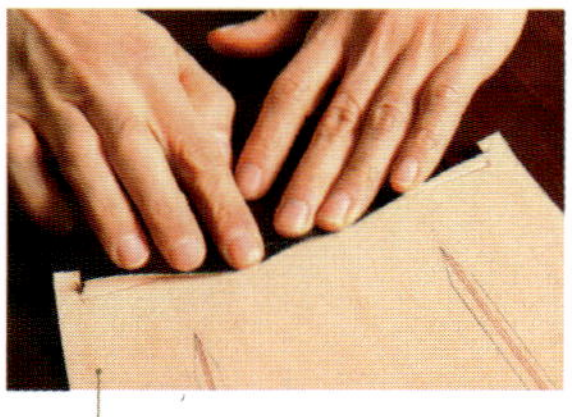

10 根据折弯线折弯切口间的部分。

最后处理2片补强革零件。用砂纸打磨补强革的外侧曲线。两端和内侧曲线需要在黏合后处理，此处先不要打磨。在补强革两端6mm宽的位置处画线，并对线的外侧进行斜向削薄，削薄厚度为仅剩皮面层的“零厚度”。

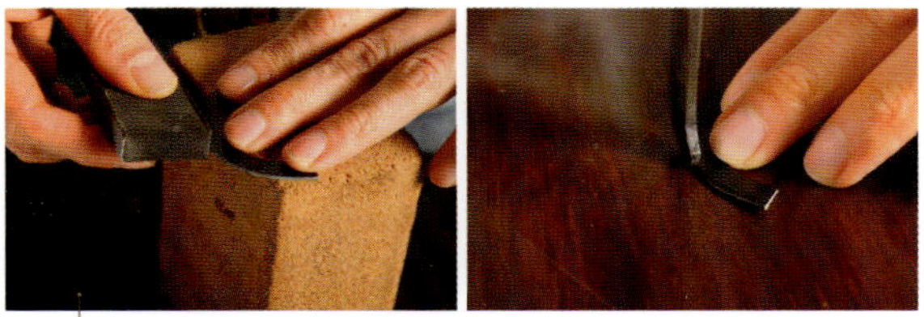

11 仅仅打磨补强革的外侧曲线。

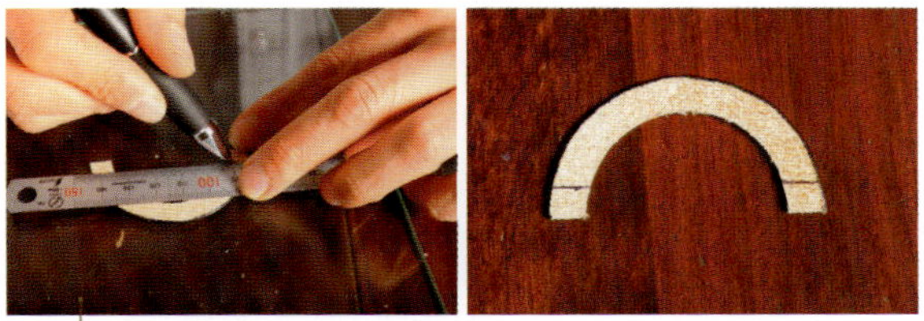

12 在补强革两端6mm宽的位置处画线。

13 对线的外侧进行“零厚度”的斜向削薄。

黏合表、里零件

将处理完毕的表、里零件黏合在一起。用上胶片在表革和里革的肉面层上涂上橡胶糊，然后以表革上的长六边形标记和里革上的长六边形缝隙为基准，用纸型隔离法进行黏合。对准位置后，缓缓地抽出纸型并黏合。黏合后，用推轮滚压以黏紧。

由于包侧裆部的表、里零件的面积很大，因此，涂抹橡胶糊的方法与之前不同，这里使用了专用工具上胶片。后面的作业中还有包身等面积更大的零件，因此还未习惯使用上胶片的读者，需要多多练习用上胶片在大面积的范围内快速、均匀地涂抹薄薄一层橡胶糊的技术。

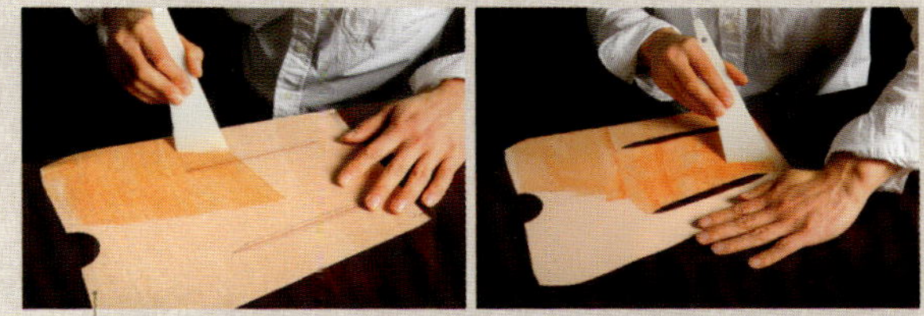

01 用上胶片在表革和里革的肉面层上涂上橡胶糊。

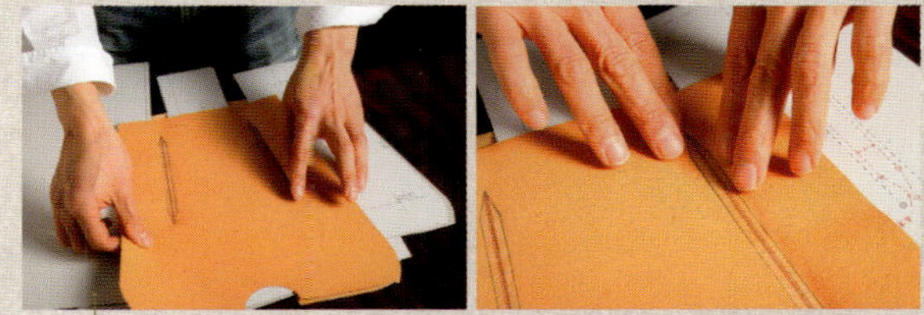

02 运用纸型隔离法，对准位置，进行黏合。

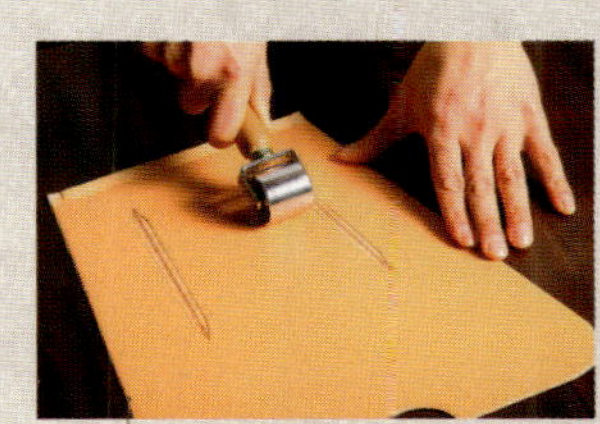

03 用推轮滚压以黏紧。

接着准备黏合补强革零件。在包侧裆部零件上边半圆形部分的边缘画出 6mm 宽的线，线的外侧即黏合补强革的黏合范围。刮粗黏合范围，涂抹橡胶糊，对齐位置，贴上补强革。补强革设置有 2mm 左右宽的出血，黏合后翻到裆部表面，切除出血部分就完成了。

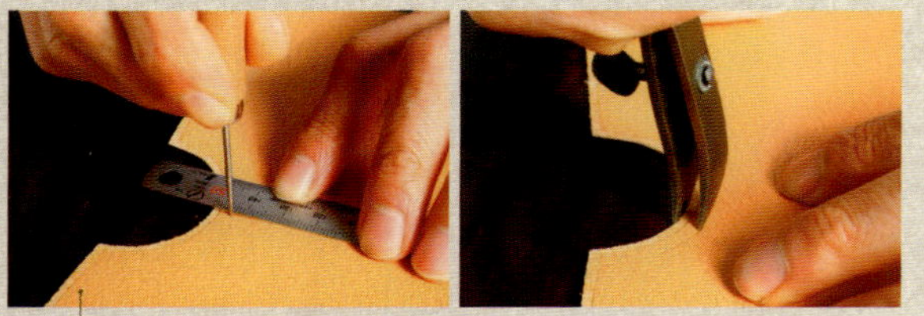

04 在包侧裆部零件上边半圆形部分的边缘画出 6mm 宽的线。

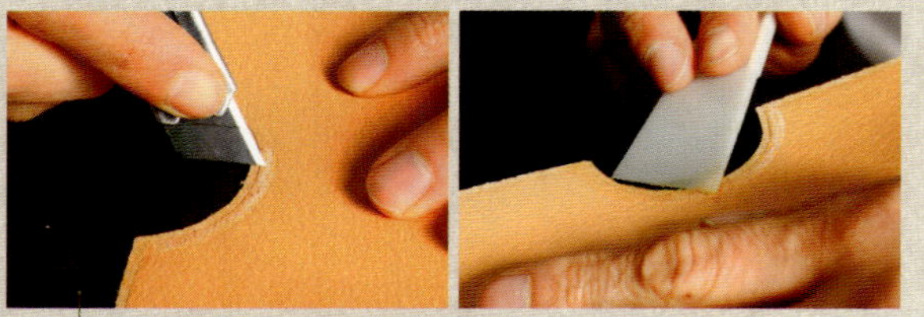

05 刮粗黏合范围，涂抹橡胶糊。

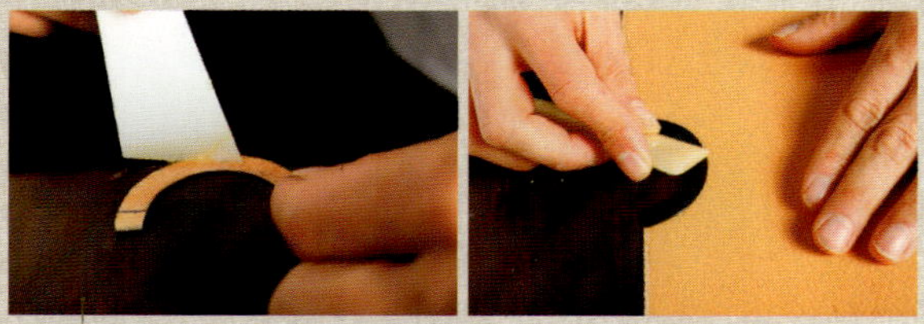

06 补强革的肉面层也要涂上橡胶糊，对齐位置后黏合。

07 从表面切除出血部分。

打孔&侧边处理

到这里，包侧裆部的预处理作业就只剩打孔和侧边处理了。在上边边缘和中间的折痕处分别打出之后与口金和隔板缝合所需的线孔。

根据上边边缘左右两边的缝合线记号（参考纸型，距两个角各为 10mm），画一条 3mm 宽的缝合线。半圆形部分同样画出 3mm 宽的缝合线。根据缝合线，打出线孔。

中间的折痕处的缝合线在纸型上有标记，即长六边形两侧的平行虚线。将两条平行虚线的端点转描到包侧裆部的表面，用直尺连接两个端点，画出缝合线。这两条缝合线会在对折夹住隔板时重合起来，因此，线孔的位置必须一一对应，数量必须一致。一边对准位置，一边交互地打孔，便可打出一一对应的线孔。

最后，将上边打了线孔的侧边和下边切口间的侧边打磨平整。左右两边和下边两个角的正方形突出部，待与包身组合后，再进行打磨。

01 连接上边左右两边的记号，画一条 3mm 宽的缝合线。

02 在缝合线上打入线孔。

需打磨的侧边

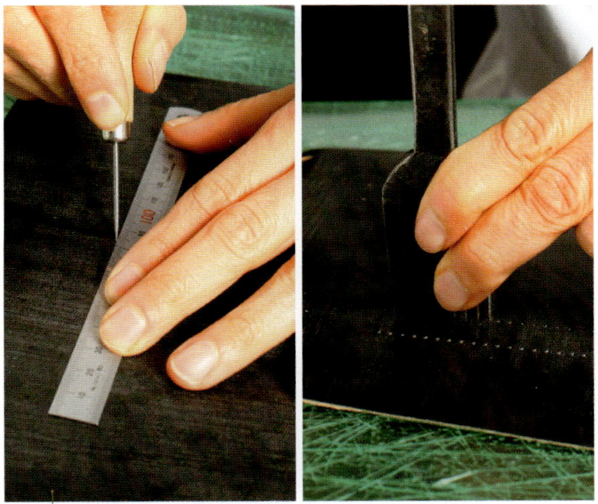

03 根据纸型上记载的折痕处的标记，画出缝合线，并打出一一对应的线孔。

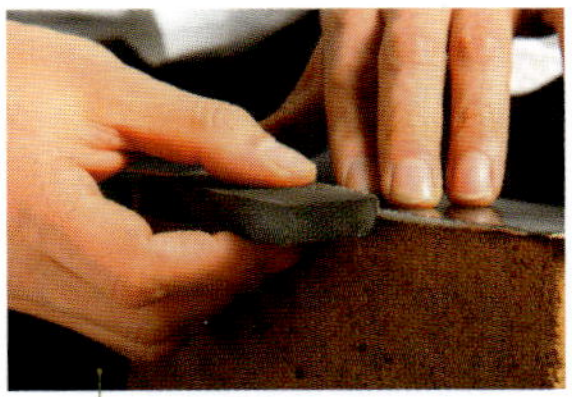

04 打磨上下的侧边（红线部分）。

制作包底裆部

此处需要对包底裆部的零件进行预处理，并黏合表、里零件。包底裆部和包侧裆部的制作步骤基本相同，但包底裆部的要素少，因此更为简单。

在包底裆部表革的肉面层转描出长六边形记号，并同样画出中心线，以及在中心线的左右两侧各画出一条 1mm 宽的记号线。里革与包侧裆部相同，需要对四周进行“零厚度”的斜向削薄。

下面的作业便是黏合表革和里革了，需要先在表革和里革的肉面层上涂上橡胶糊。

01 裁切出包底裆部的表革和里革零件。

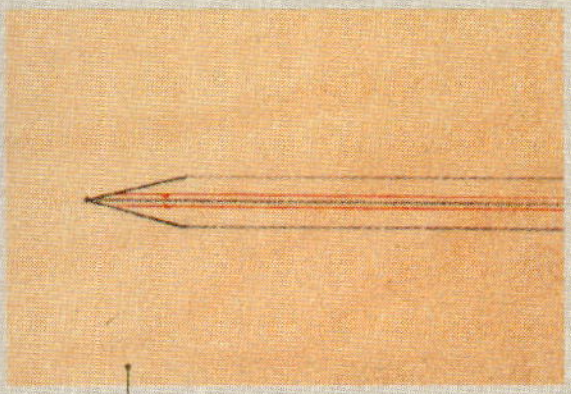

02 在表革的肉面层上转描出记号。

03 对里革四周进行“零厚度”的斜向削薄。

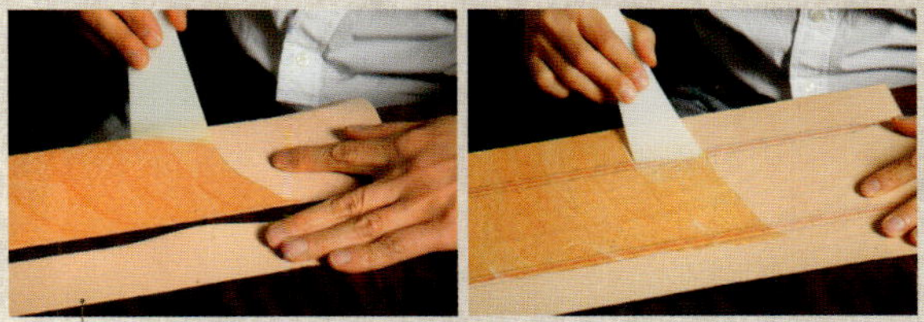

04 在表革和里革的肉面层上涂上橡胶糊。

和之前一样，运用纸型隔离法将表革和里革对准黏合，再用推轮滚压。根据纸型，在包底裆部的表面转描出缝合线的记号，用直尺连接两个端点，画出缝合线。线孔的位置必须一一对应，数量必须一致。要一边对准位置，一边交互地打出线孔。

至此，包侧裆部和包底裆部就都准备就绪了，接着进入组合作业。由于此处是立体式的组合，因此，需要在确实了解部件的组合方式后再进行作业。

05 黏合表、里零件并用推轮滚压。

06 在包底裆部的表面画出缝合线。

07 在缝合线上打出线孔。

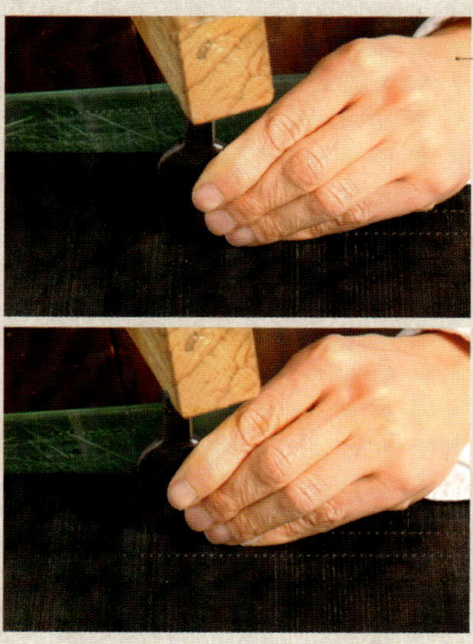

08 一边对准位置，一边交互地打出线孔。

组合裆部

准备组合侧裆部和包底裆部。画出两零件组合时的黏合范围，刮粗黏合范围的皮面层，并涂上橡胶糊。

包侧裆部下边切口间的折弯部分是需要黏合的范围。不过此处之后是以包边的方式进行黏合，因此，黏合范围的宽度设定为距离边缘 14mm。也就是说，比之前的 10mm 折弯线内侧的 4mm 也为黏合范围。在两切口处做出距离边缘 14mm 的记号，用直尺连接两个记号，画出实际的黏合范围。然后用美工刀将黏合范围内的皮面层刮粗。

包底裆部两边边缘 4mm 宽的部分是需要黏合的范围，但包底裆部两侧 10mm 宽的范围（对应包侧裆部下边两个正方形的突出部分）除外。用边线器在包底裆部的两边边缘画 4mm 宽的记号线，在记号线的两端 10mm 的位置处做记号。两记号之间的 4mm 宽的长方形部分即为实际黏合范围，刮粗黏合范围的皮面层即可。

01 在包侧裆部下边切口间画出距离边缘 14mm 宽的黏合范围记号线。

02 刮粗黏合范围的皮面层。

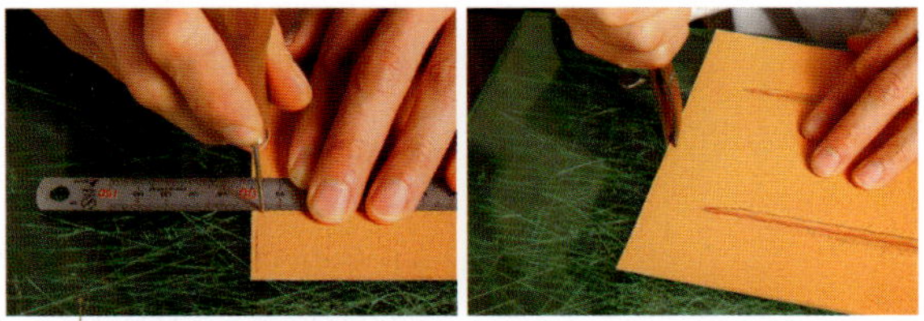

03 在包底裆部左右两边边缘画 4mm 宽的记号线。

04 在 4mm 宽的记号线的两端 10mm 的位置处做记号。

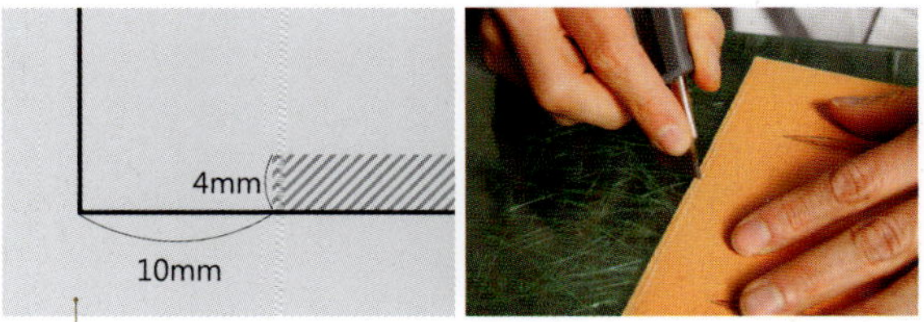

05 刮粗两记号之间的黏合范围的皮面层。

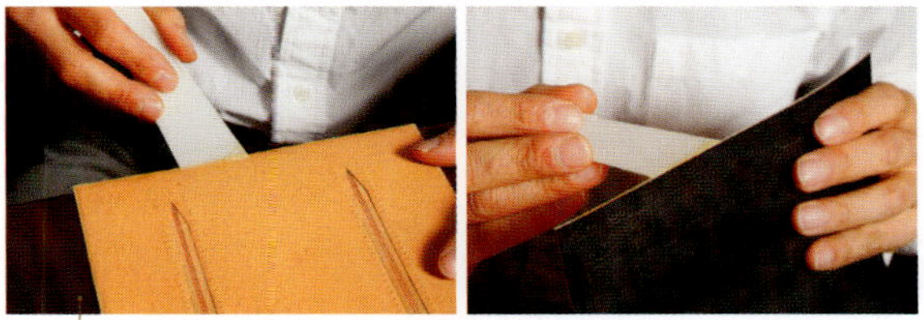

06 在包侧裆部和包底裆部的黏合范围内涂抹橡胶糊。

将各部件的内里朝向内侧，将包底裆部的侧边对齐包侧裆部下边的折弯线并黏合。包底裆部的两侧边需要同时进行，一边调整，一边黏合。注意，完成后包侧裆部下边的折弯线内侧 4mm 的部分与包底裆部侧边边缘 4mm 的部分是黏合在一起的。用牛骨棒从包底裆部的表面按压黏合部分。将包侧裆部下边的折弯部分立起成直角状态，用牛骨棒对侧边进行横向刮压。

接着，将折弯部分进一步折弯，与包底裆部黏合。由于这次是以包边的方式黏合住包底裆部的表面，所以需要先画出黏合范围记号，并刮粗黏合范围的皮面层。

刮粗后涂上橡胶糊，将折弯部分紧紧地贴在包底裆部上。用牛骨棒摩擦刮压，不仅可以确实黏紧，而且能压出折痕。

包底裆部的两侧都以同样的方式与包侧裆部黏合好后，需要将黏合部分进行缝合。由于缝合时是将包侧裆部当作正面，所以画缝合线和打线孔也是从包侧裆部的一面进行作业。

将边线器设定为 4mm 宽，从包侧裆部的表面在折弯处画出缝合线。之前的缝份的宽度一直为 3mm，但此处的折弯部分具有一定的厚度，因此将缝份加宽至 4mm，将缝合线往内侧稍微移一点。如果缝合线太靠外侧，则包在内侧包底裆部的缝合位置就会过于狭窄。此外，只有折弯部分的侧边画出缝合线，也就是说只有两切口延长线之间的部分才画出缝合

07 将包底裆部的侧边对齐包侧裆部下边的折弯线并黏合，然后按压黏紧。

08 将包侧裆部下边的折弯部分立起成直角状态，用牛骨棒对侧边进行横向刮压。

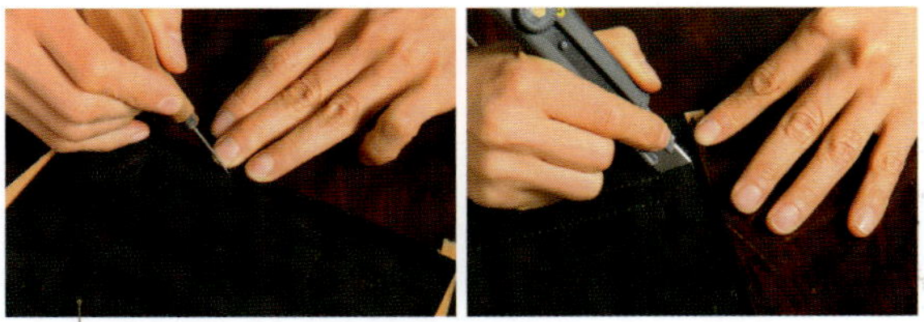

09 暂时折弯，以画出黏合范围记号，并刮粗黏合范围的皮面层。

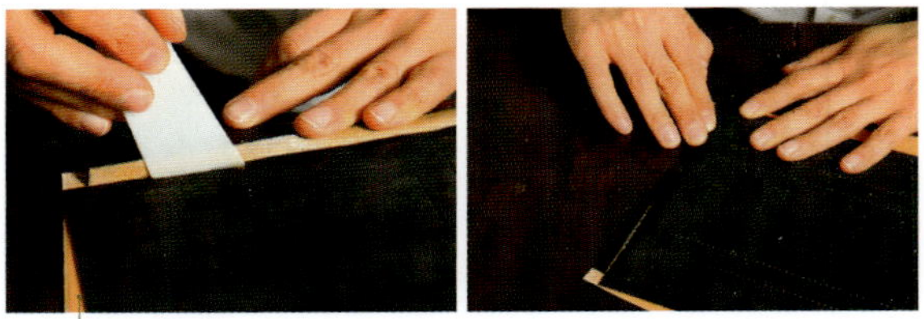

10 涂上橡胶糊，黏合折弯部分。

11 确实刮压以黏紧。

线。

打孔时，缝合线的首尾不打孔。也就是说，缝合线的两个端点不打孔，从端点的下一个孔开始。这是由于之后组合时此处会成为折弯的部分。用菱斩打好线孔后，一边用菱锥贯穿，一边缝合。至此，裆部的准备工作就暂时完成了。

［ 裆部立体状态 ］

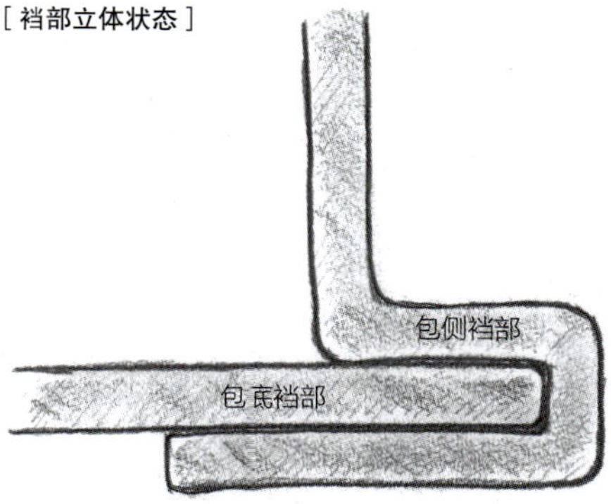

12 在包侧裆部表面两切口间的部分画出宽 4mm 的缝合线。

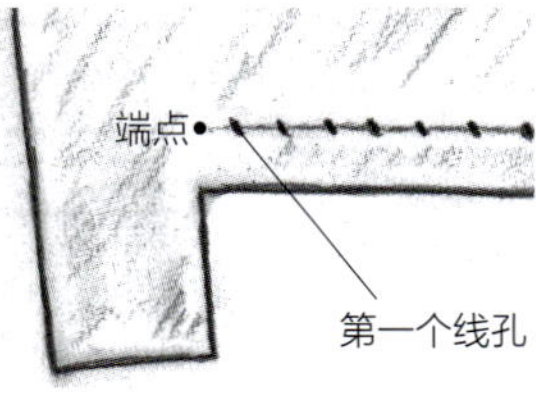

13 在缝合线的端点处空出一个孔后，开始打孔。

14 用菱斩在缝合线两端点间打出线孔。

15 一边用菱锥贯穿，一边缝合。

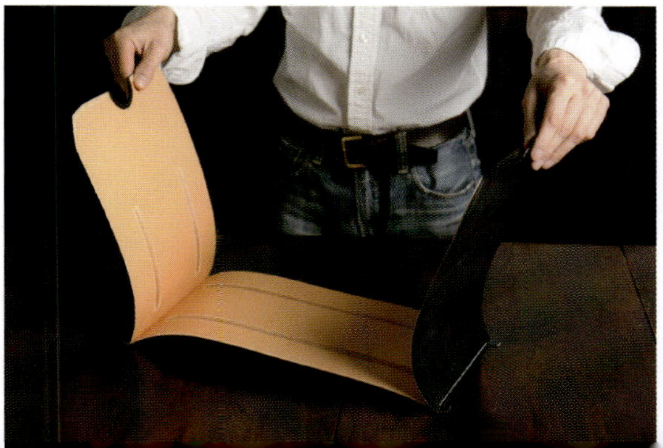

Panel of bag

包身

这里要制作的是手提包最重要的结构——作为本体的前包身和后包身。本体决定着整个包的外形和氛围，因此，还请各位用心制作这个部分。不过，对于已经通过之前多个部件制作考验的各位来说，只要不松懈，用心制作，本体的制作应该不是难事。你的付出必定会得到回报。

若说有什么重点，就是安装锁扣的作业和弯曲黏合作业。

首先，在本体上装锁扣前，需要先在本体上凿出相应的安装孔，这一点相当重要。纸型上记载有安装锁头的上边对齐记号，将锁头对齐放置，然后标记出锁头的安装位置。注意，金属配件（钉子、螺丝或扣脚）的位置也要标记出来。若直接安装锁头，则很可能会失败。因此，可以先用废弃的皮革来进行试验，熟悉了正确的安装方式后，再进行正式的作业。

其次，弯曲黏合作业也很重要。各位在之前舌扣制作中已经体验过，此处就不再详述了。但是，包身的弯曲程度直接决定了整个包的形状，所以在制作调整时一定要慎重。

包身需要一定的强度和张力，因此，包身是由表革、芯材、里革三层构造组合而成。整个制作流程：先对各部位进行削薄，黏合在一起，再在前包身上安装锁头，然后画出缝合线，打出线孔，最后将上边边缘打磨平滑。

此外，后包身会比前包身高 4mm。这是因为后包身安装的口金框比前包身的口金框重，因此，一定要注意，不要搞混了两个部件的尺寸。

Tool Check!

◎单平斩
◎剪钳
◎铁锤（金工用）
◎万用环状台

削薄＆黏合

此处表革、芯材、里革各有各的削薄方式，完全不同。

首先，削薄表革。在表革的四周画出 8mm 宽的线，对线的外侧进行段差削薄。削薄的程度可根据自己的喜好进行调整。适当量的削薄，可以让隆起的针脚显得饱满厚实，给人优雅的印象。但若削得过薄，就显得很脆弱，给人的冲击感就不够了。最佳的削薄厚度为原厚度的 1/3~1/2。

其次，削薄芯材。削薄芯材是要综合使用段差削薄和斜向削薄（零厚度）两种技巧。先对四周进行 6mm 宽的段差削薄，再进行 2~3mm 宽的斜向削薄，以消除边缘的厚度。

要确实掌握表革、芯材、里革的削薄方式和组合方式。

［削薄示意图］

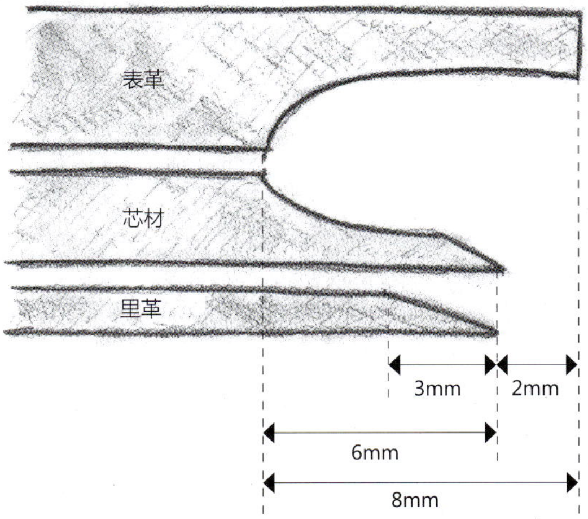

此外，芯材和里革的横向宽度皆比表革少了 4mm（左右各 2mm）。也就是说，芯材和里革皆比表革小，左侧和右侧各缩进 2mm 宽的距离。这样，表革就可以隐藏住包身侧边与表革不同的素材，让成品看起来更漂亮。

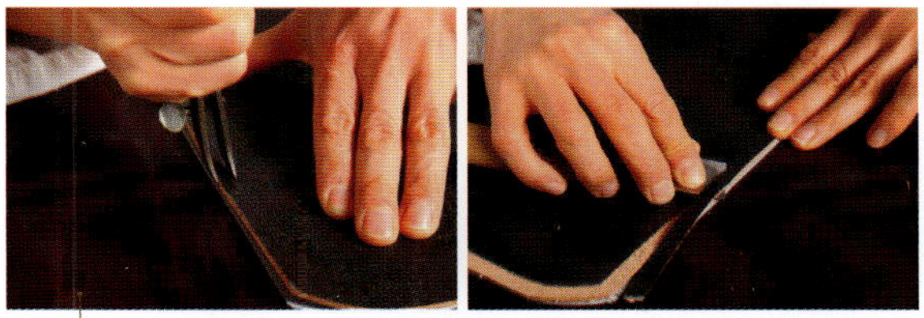

01 在表革的四周画出 8mm 宽的线，对线的外侧进行段差削薄。

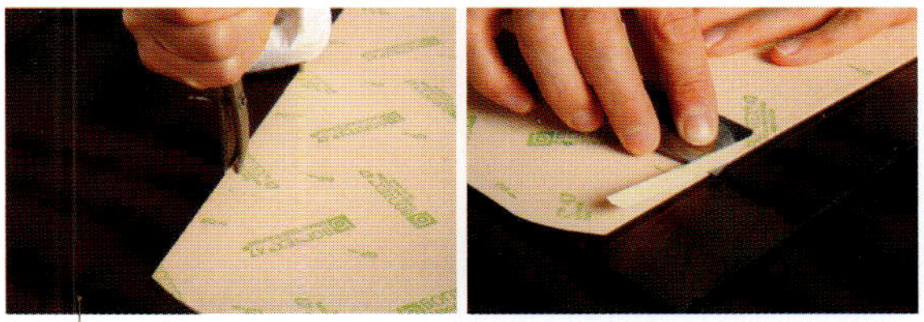

02 在芯材的四周画出 6mm 宽的线，对线的外侧进行段差削薄。

03 对段差削薄后的芯材边缘 2~3mm 宽的范围进行“零厚度”的斜向削薄。

最后，削薄里革。这里只需要对里革四周进行3mm 宽的“零厚度”的斜向削薄即可。这种程度的宽幅，就算不画线，根据目测也可以进行作业。

本体的所有部件削薄完成后，就可以开始黏合了。先黏合表革和芯材。在表革的肉面层和芯材削薄的那一面上涂上橡胶糊，然后运用纸板隔离法，夹入纸型，决定好端部的黏合位置。注意，芯材比表革的左右两侧皆少了 2mm 的宽度。目测也可以，但在黏合时，此处一定要留出这 2mm 的宽度。决定好位置后，缓缓抽出纸型，并进行弯曲黏合的作业。弯曲的程度可以参考本书中的成品照片，并进行适当调整。

04 对里革四周进行3mm宽的“零厚度”的斜向削薄。

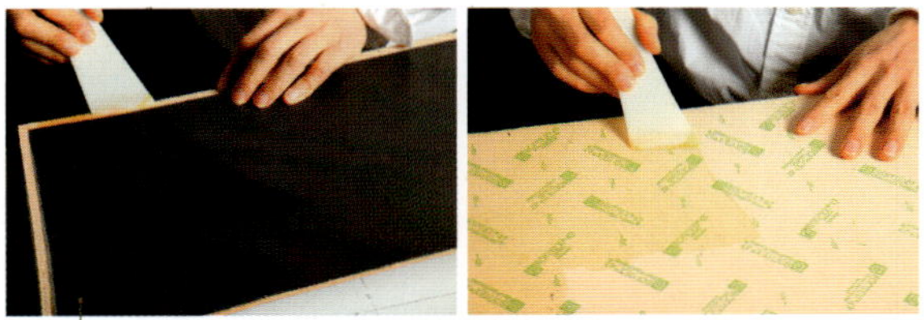

05 在表革的肉面层和芯材削薄的那一面上涂上橡胶糊。

06 夹入纸型，决定好端部的黏合位置。将芯材贴合在距离表革侧边 2mm 的位置处。

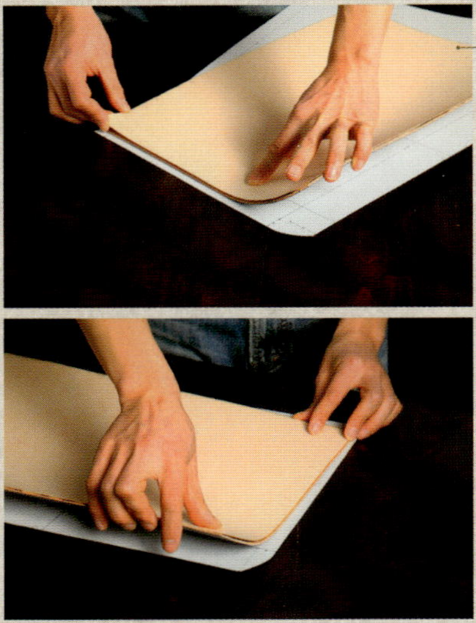

07 弯曲黏合，调整成医生包的包身形状。

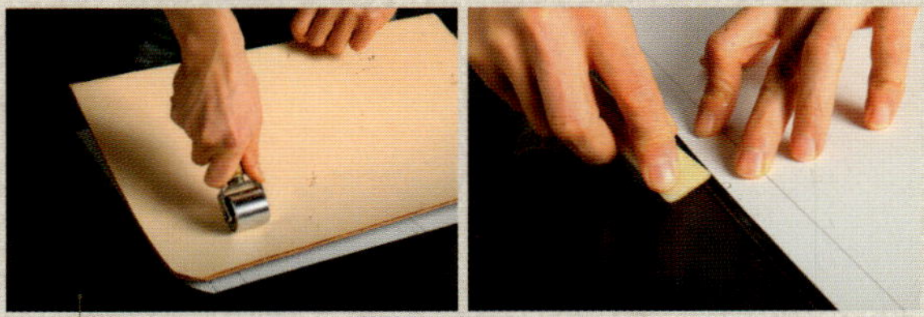

08 用推轮滚压整个黏合面，用牛骨棒刮压削薄部分。

关于医生包包身的弯曲黏合的程度，还可以参考下面的标准。根据本书纸型，芯材的高度比表革小 7mm（上下合计）。但按照医生包的标准弯曲黏合后，这个高度差会缩小到 2mm。弯曲黏合时，如果高度差大于 2mm，则弯曲度不够；如果高度小于 2mm，则弯曲过度。但是，说到底这只是本书作品的设计标准，不能一概而论。

表革和芯材黏合后，用推轮滚压整个黏合面。削薄部分用牛骨棒刮压，压出形状。而将表革和芯材削薄的那一面黏合，其实也是为了这时压出形状。

安装锁头

在贴合上里革之前，要先将锁头安装上。大部分的锁头的本体下方都有块状的突出部分，所以要事先在前包上画出锁头的安装位置，凿出刚好能插入块状突出部分的孔洞。在皮革上凿出一个封闭的孔洞，单平斩比美工刀更为方便。此外，安装锁头用的钉子或螺丝的孔，也要用圆锥凿出。若是使用折脚式的锁扣，那么就更加方便了。

根据锁扣的不同以及锁头本体形状的不同，在皮革上凿出的孔洞的位置和形状也各不相同。因此，一定要先将锁头放置到纸型的对应位置处，并画出安装用的孔洞记号。此外，安装位置的上下误差，之后可以通过调整舌扣的长度消除。但左右误差就不行了，锁扣必须处于中心位置，因此，必须事先确定好锁扣的安装位置。

如果能凿出正确的孔洞，那么应当能恰好地容纳进锁头的突出部分。放入锁头后，插入钉子，固定住锁头。从包身里面装上锁头的背板，利用铆接的方法进行固定。

01 将纸型上所画出的所有安装位置转描到前包身上，然后用单平斩等工具打出孔洞。

02 凿出锁头突出部分的安装孔。

03 用圆锥凿出插入钉子或螺丝的孔洞。

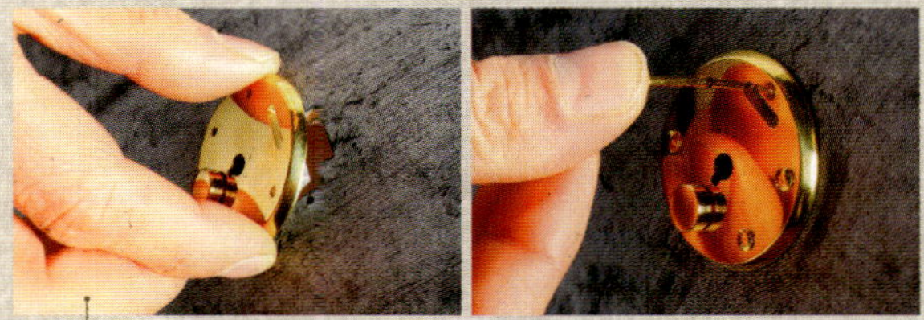

04 将锁头插入安装孔中，并插入钉子以固定。

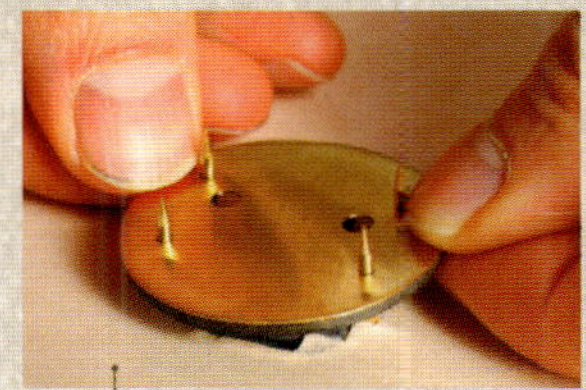

05 从包身里面装上锁头的背板。

以铆接的方法固定钉子时，要在下面（锁头的一面）垫上安装固定扣或牛仔扣用的万用环状台。万用环状台上贴上皮革以保护钉子头。万用环状台的另一边还需垫上同等高的物品，以使前包身在作业中能够保持水平状态。

用剪钳将钉子剪断，保留露出一点钉子头。钉子头的长度，各位依实际情况自行判断。

但不管怎么样，剪钳都不能完全将钉子从根部剪断，都会保留充分的长度以进行固定。

特别注意，剪断钉子的瞬间，钉子的碎片可能会迸溅出来，所以请一定要小心。

06 在钉子的下方垫上万用环状台。

07 剪断钉子，保留一点钉子头。

08 用铁锤敲打钉子头，进行铆接。

09 一根钉子铆接完成的状态。

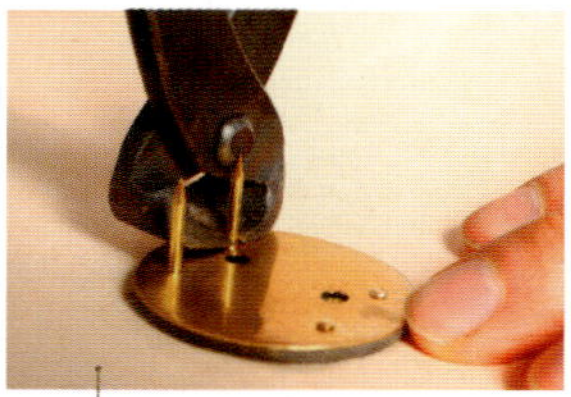

10 其他钉子以同样的方式进行固定。

用铁锤敲打钉子头，利用铆接的方法进行固定。铆接的方法请参考本书 P173“基础技术解说”中“铆接”一节的内容。此外，一下子就剪断 4 根钉子，背板容易脱落，因此，最好剪断一根，固定一根。

黏合锁头补丁革

锁头的背板上需要贴上补丁革，以抑制背板处的凹凸不平。根据纸型，裁切出能够完全覆盖住背板的补丁革。先对补丁革周围进行“零厚度”的斜向削薄。再将补丁革覆盖在背板上，用笔画出黏合范围。最后涂上橡胶糊，黏合上补丁革。注意，补丁革要贴平整，如果贴得太紧，导致段差突出，就失去补丁革的意义了。

为了减少段差的影响，在黏合里革的时候，补丁革的周围无须涂上橡胶糊。在补丁革的一周画出一个七补丁革半径大 10mm 的圆圈，并将这个圆圈转描到里革肉面侧的相应位置处。

01 根据纸型，裁切出锁头补丁革。

02 对补丁革周围进行“零厚度”的斜向削薄。

03 将补丁革覆盖在背板上，画出黏合范围。

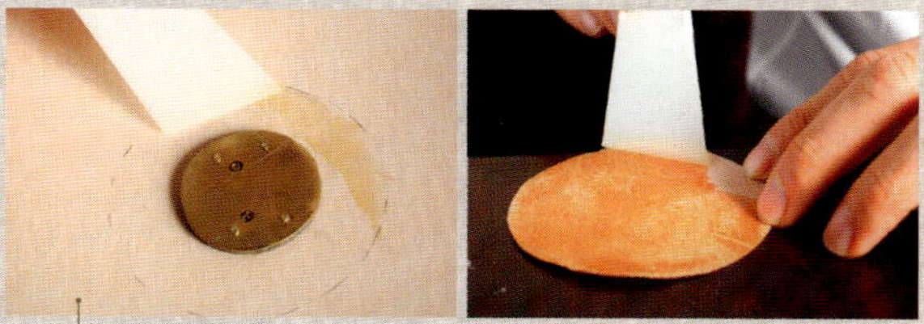

04 在 03 的黏合范围和补丁革的肉面上涂上橡胶糊。

05 黏合上补丁革。

06 在补丁革的一周画出一个比补丁革半径大 10mm 的圆圈。

07 将圆圈转描到里革肉面侧的相应位置处。

在里革肉面层和芯材上（除了圆圈之外）涂上橡胶糊。这里的要点是锁头背板补丁革的周围不用黏合，因此，也无须画出规则的圆。用纸型隔离法进行黏合，先对准好边角的位置，然后黏合整个面，最后用推轮滚压以黏紧。注意，滚压时推轮不能压过锁头部分。

08 在里革肉面层和芯材上（除了圆圈之外）涂上橡胶糊。

09 里革和芯材都仅有圆圈的内部不涂橡胶糊。

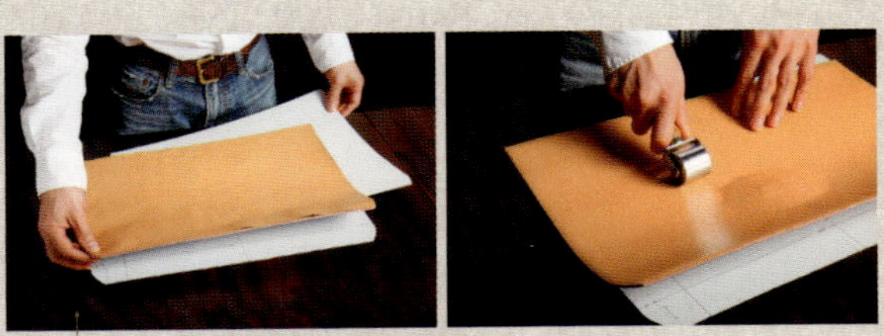

10 黏合里革，用推轮滚压。

锁头背板部分无须黏合，也无须滚压，使其自然膨起即可，这样便能将段差对表面的影响降到最低。

打孔＆侧边处理

由于后包身不用安装锁头，因此，黏合好芯材之后便可直接黏合里革。黏合方式与前包身相同。前后包身皆制作完成后，便进入打孔的作业。

在前后包身的四周画出缝合线。此处对缝份的宽度进行说明。因为包身之后会与裆部缝合在一起，因此，包身两侧边和底边是整个包的所有部件中最厚的。为了使缝份宽度与厚度取得平衡，缝份宽度需要稍宽一点，设定为3.5mm。而包身上边仅与口金缝合，因此，缝份宽度设定为3mm即可。根据不同的部位而改变缝份的宽度，是提高作品完成度的技巧之一，请各位细心体会。

缝合线画好后，用菱斩从底部的角开始打孔。此处的线孔不要打成直角状态，而要使线孔在角的内侧呈现出自然的曲线。这是因为底部的角在缝合后会进行裁切，并将之处理成圆弧状。底部的角打好孔之后，就可以对整个包身进行打孔了。打孔的方法请参考本书P166“基础技术解说”中“菱斩打孔”一节的内容。

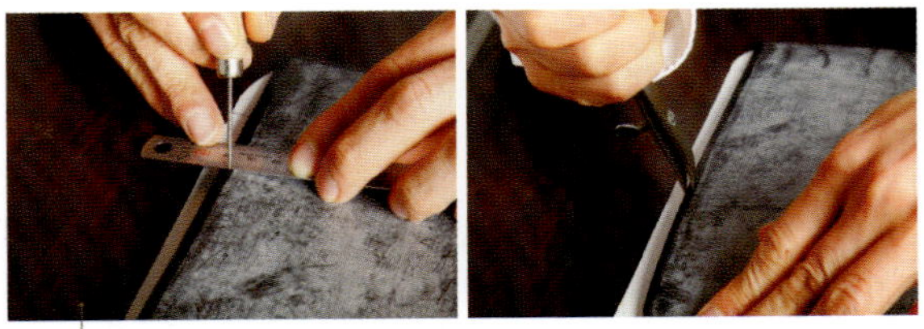

01 在前后包身的两侧边和底边画出3.5mm宽的缝合线。

02 在前后包身上边画出3mm宽的缝合线。

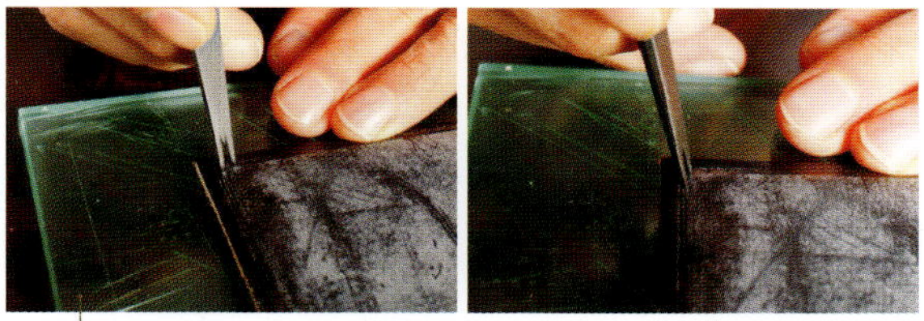

03 底部的角需要处理成圆弧状，因此要提前考虑好线孔的位置。

04 用菱斩在角的内侧打出 3 个孔，使之呈现出自然的曲线。

05 对包身的其他部位进行打孔。

06 对上边的角进行打孔。

07 打磨上边边缘的直线部分。

接下来，只打磨之后会与口金缝合的包身上边边缘。用刨子和砂纸等工具打磨完成后，再用装饰边线器画出装饰线就完了。包身的侧边和底边会在与裆部缝合后再进行侧边处理。

至此，包身部件的制作就完成了。

下面准备开始制作整个包最难的部件——口金框！

Frame

口金

下面制作最后一个部件，也是整个医生包的心脏——口金。将钢制扁铁或铝制扁铁切断，并折弯成所需尺寸口金的规格。虽然口金是通过给口金框包覆上皮革制作而成，但口金框的制作已经超出了皮革工艺的范畴，需要使用金工的技术进行制作。因此，这里先讲解口金框的制作方法。

口金框的制作要点是准确。至今为止所制作的其他部件都是用皮革制成的，皮革具有伸缩性，因此，稍微有点误差也不会有太大的影响。而金属是坚固的，只要有丝毫的偏差，就会直接反映出来，因此，制作口金框时，请慎重决定打孔和折弯的位置。但是，即使口金框有稍许的歪斜，也是可以被皮革的“包容性”（伸缩性）所掩盖的。一边感叹皮革有容乃大的特性，一边认真地进行作业吧！

制作口金框使用到的加工技术有裁切、打磨、打孔、折弯等，这些都是金工的基本动作，只要有合适的工具，就没有太大的问题。有金工作业经验的读者，相信即使不看解说，也能够顺利制作。如果没有金工作业的经验，那么只要详细了解制作工具、材料以及制作过程，掌握全部的要点，再进行作业，相信也没有什么好担心的。请参考本书 P028 关于材料的解说，以及 P038 关于金工工具的解说。

只要突破这个难关，就可以进入组合作业了。虽然组合作业更是波涛汹涌，但是胜利近在眼前，穿过这波大浪，便是碧海蓝天。此时，请各位静下心来制作口金框吧。

确认材料和工具

制作口金框时所使用的材料与工具和其他部件完全不同，虽然卷首已经介绍过，但这里还是请各位再确认一下吧。制作口金框所使用的材料是被称为“扁铁”的金属条。外侧口金框（后包身）使用的是 19mm（宽）×3mm（厚）的钢制扁铁，内侧口金框（前包身）使用的是 20mm（宽）×3mm（厚）的铝制扁铁。裁切使用的线锯为金工线锯，而非木工用。折弯对于初次制作的读者来说是最大的问题，但如果用手动弯板钳，便可制作出漂亮的弯曲弧度。钻孔需要使用电钻，打磨切口需要使用锉刀。各项作业中支撑金属条还需使用到台虎钳、F 形夹钳等。

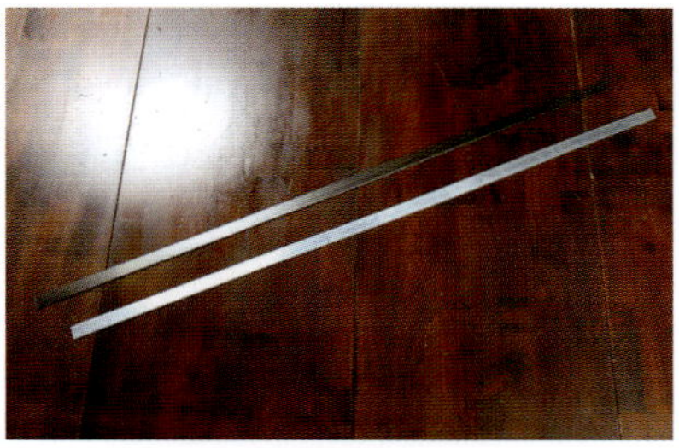

外侧口金框需要耐用性，所以使用坚固的钢制扁铁。为了减轻整体重量，内侧口金框使用铝制扁铁。

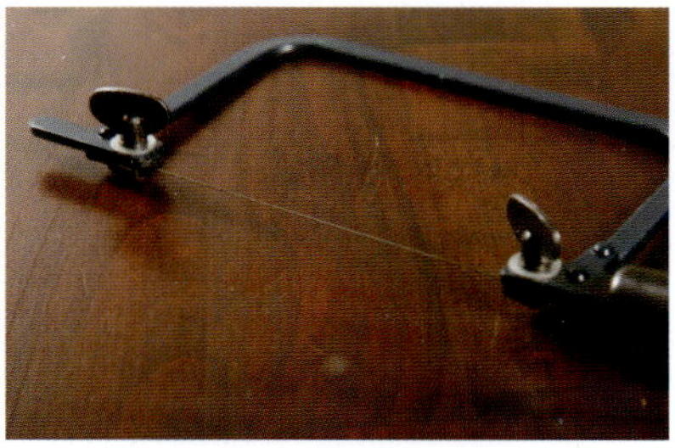

使用金工线锯，可以将金属条的两端裁切成圆弧状。若不使用专用线锯，有可能会割不动。

使用手动弯板钳，可以轻松地将金属条折出漂亮的弯曲弧度。适合在调整外形时使用。

Tool Check!
◎ P038 金工工具

转描记号

外侧口金框金属条的全长为 661.8mm，内侧口金框金属条的全长为 639.8mm。准备长度充足的金属条，将口金框纸型上孔洞位置、折弯线以及两端的圆弧形状记号转描到金属条上。由于是金属材质的材料，请使用油性笔做记号。注意，外侧口金框上还有安装提手用的孔洞，此孔洞为左右对称。虽然本书提供的只有一半，但只要做好中心的记号，将纸型翻转，便能很轻松地在另一侧也做上同样的孔洞记号，无须准备完整的纸型。

01 准备长度充足的金属条。

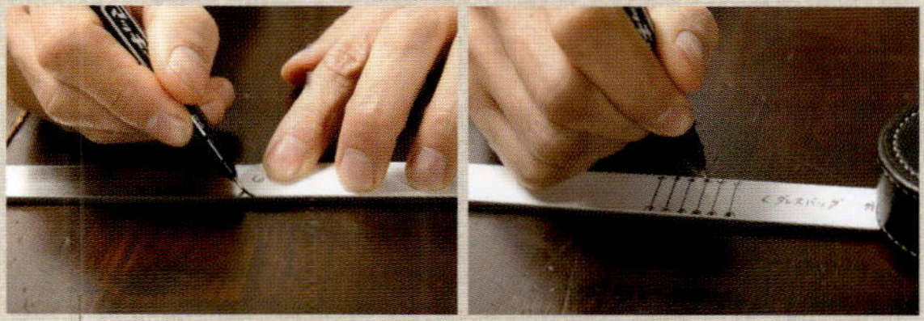

02 将纸型上的孔洞位置、折弯线以及两端的圆弧形状记号转描到金属条上。

03 用中心冲在孔洞位置处打出凹槽。

用中心冲在孔洞位置处打出一个小小的凹槽。这样，之后用电钻钻孔时，直接将钻头对准凹槽，便能轻松地在准确的位置钻出孔洞。

用直尺将折弯位置处的记号连接起来，即是折弯线。之后以折弯线为基准，折出漂亮的弯曲弧度。

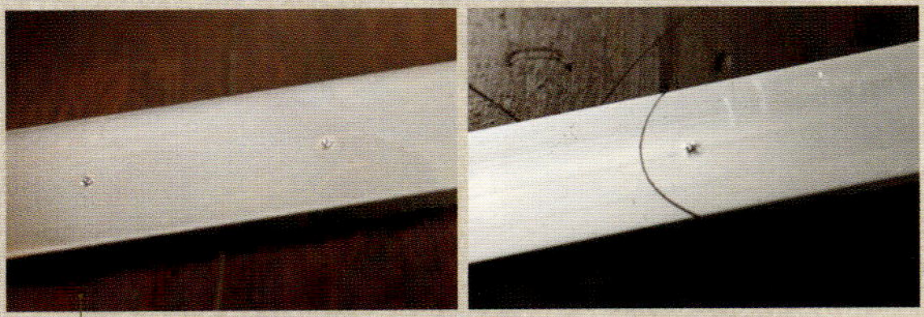

04 用中心冲打出凹槽的状态。

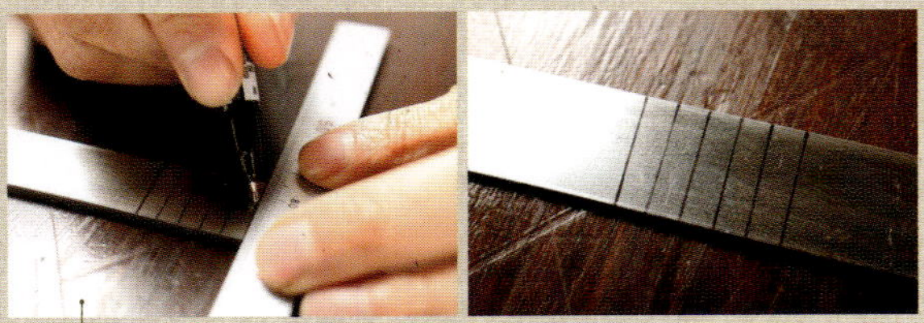

05 用直尺将折弯位置处的记号连接起来，即是折弯线。

钻孔&裁断

接着，将电钻对准用中心冲打出的小凹槽，钻出孔洞。将金属条放在作为平台的木质板上，将安装了 4mm 金属专用钻头的电钻垂直地对准凹槽，一边向下确实压住，一边按下开关，便能钻出孔洞。如果钻孔时不稳定，可用另一只手压在电钻上部，双手支撑电钻。钻到木质板时，钻动的感觉会发生变化，这时便可停止钻动了。

顺便说一下，使用可调节转速的电钻，慢转速可以减少钻头的损耗。

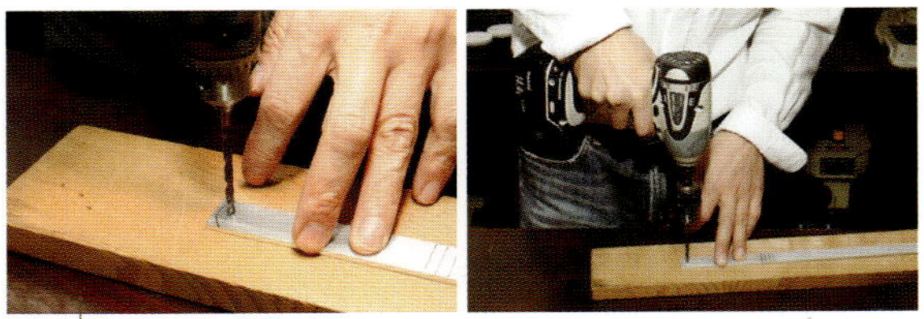

01 将电钻垂直地对准用中心冲打出的凹槽。

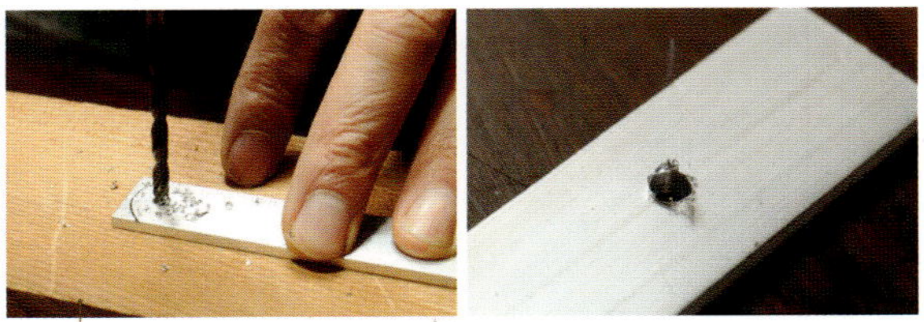

02 按下开关，钻出孔洞。

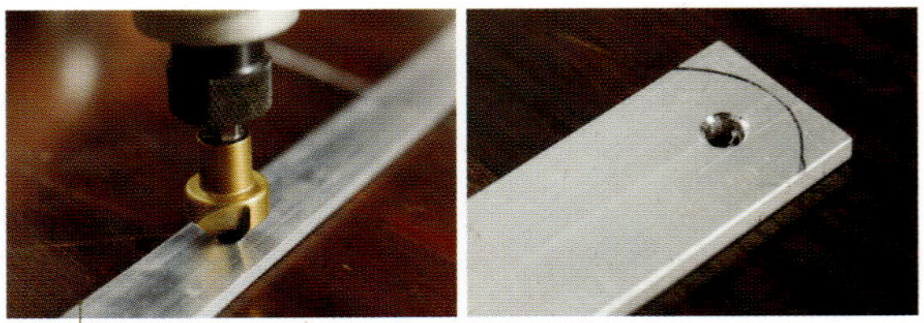

03 换为倒角钻头，削掉孔洞周围的毛刺。

钻出孔洞后，孔洞周围会有许多锯齿状的毛刺。这时，将钻头换为倒角钻头，便可轻松地去除毛刺。

外侧口金框上安装提手底座用的孔洞也以同样的方式钻出。注意，本书从这里开始会使用被称为“钻床”的机器来进行钻孔，当然，仍然使用电钻也可以。如若使用钻床，请一定要用台虎钳固定住金属条。此外，安装提手底座用的孔洞需要将螺丝完全容纳进去，也就是说，螺丝与金属条的表面是齐平的。因此，用倒角钻头倒角时，可以倒角得深一些，直到钻出可以沉入螺丝的头部为止。这样，螺丝的头部就会沉入金属条的表面，不会突出。

所有的孔洞都钻好之后，将金属条的两端切成圆弧状。用台虎钳或 F 形夹钳将金属条固定结实。虽然用手也可以固定住，但是效率不高，费时费力，极容易让手感到酸痛。F 形夹钳有各种尺寸，根据工作场所选择适合自己的型号吧。使用大尺寸的夹钳时，可以参照下方图片，用软木块垫高，这样就能充分发挥夹钳的功能。

将金属条固定结实后，就可以根据圆弧形状记

04 以同样的方式钻出安装提手底座的孔洞。

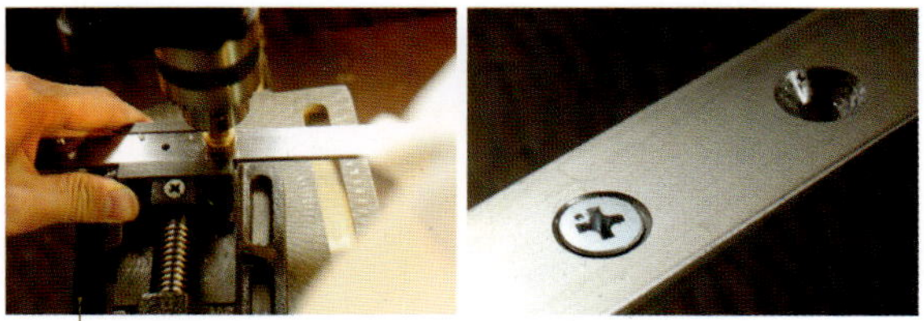

05 用倒角钻头钻出可以沉入螺丝头部的孔洞。

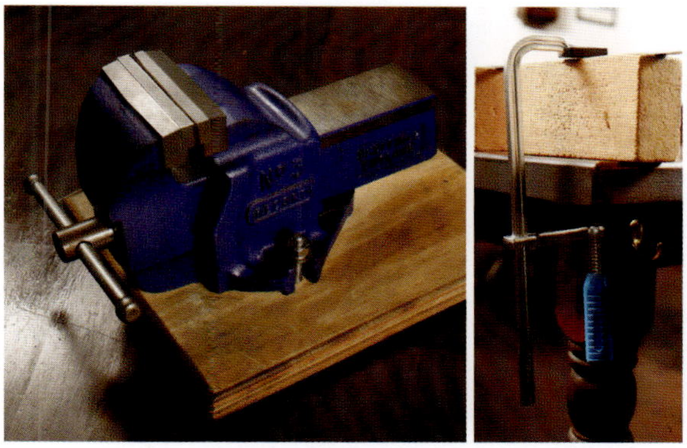

用台虎钳或 F 形夹钳固定住金属条。

06 如上图，在桌子边缘牢牢固定住金属条。

号开始裁切了。如下图般拿着金工线锯，开始裁切。如果线锯的刀刃倾斜，那么切口也会倾斜，因此要垂直地拿着线锯进行裁切。此外，裁切完成后的切口并不是平滑的，因此要沿着记号线的外侧裁切。等完全裁断后，再用粗颗粒的金属锉进行打磨，调整形状。

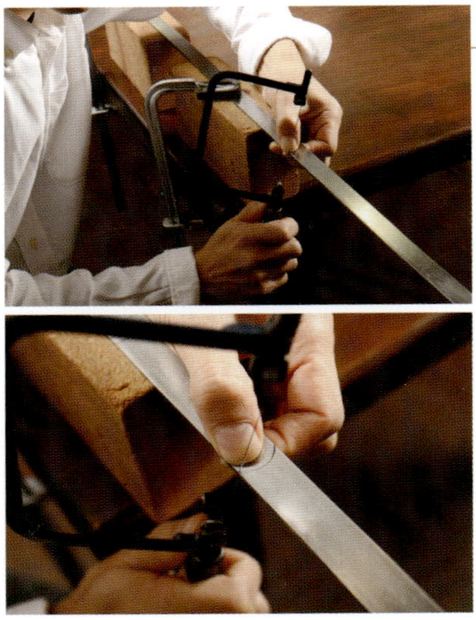

07

根据两端的圆弧形状记号进行裁切。

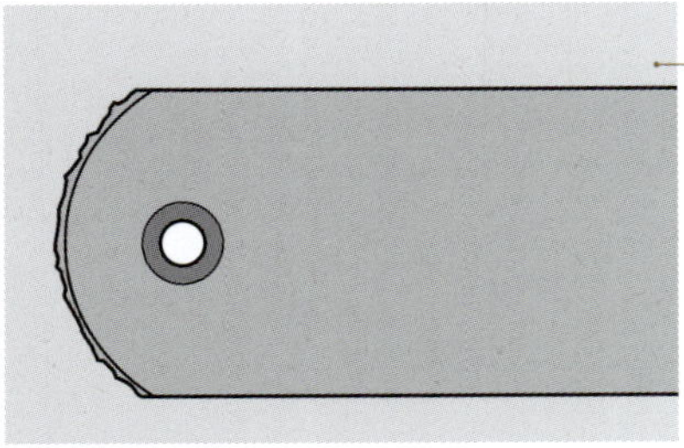

08

沿着记号线的外侧裁切。

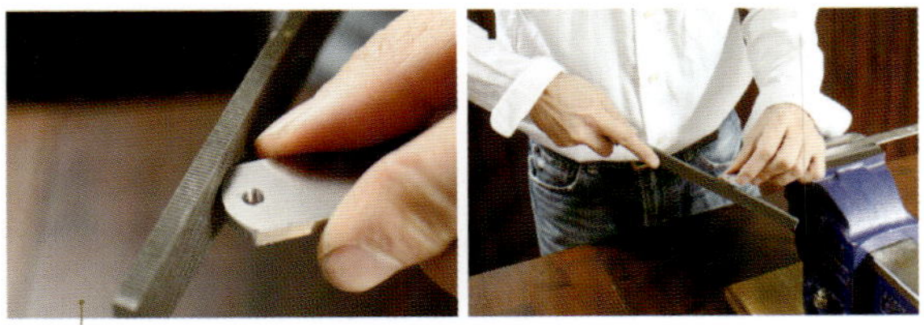

09 用粗颗粒的金属锉进行打磨，打磨到端部的弧度与圆弧形状记号相同。

打磨到端部的弧度与圆弧形状记号相同时，用细颗粒的金属锉（精密锉刀）修整表面，打磨掉毛刺和棱角以及凸点。凸点是表面细小的凸起，用手摸，会给人凹凸不平的感觉。不过，金属条之后会被包覆在皮革中，所以也无须追求极致。

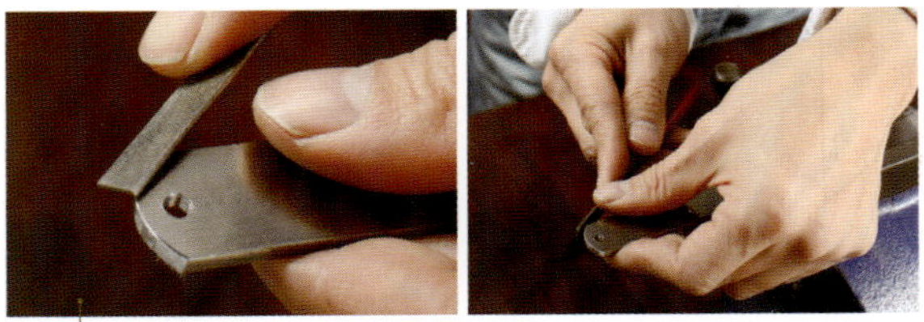

10 用细颗粒的金属锉打磨掉毛刺和棱角以及凸点。

11

金属条之后会被包覆在皮革中，打磨到摸不到凸点的程度即可。

12

内外的口金框的金属条都以同样的方式处理。

折弯金属条

接下来折弯金属条，制作成口金框。用手动弯板钳折弯金属条的原理，只要仔细看一下下面的步骤和图片，便会一目了然。利用手动弯板钳钳头凹凸部分的挤压力量，便可轻松折弯金属条。注意，钳头的凹凸部分必须与金属条垂直，若手动弯板钳倾斜，金属条也会随之倾斜。此处将详细地讲解将金属条折弯成直角的方法。

将手动弯板钳固定在台虎钳上，将金属条夹在手动弯板钳钳头中。注意，钳头的作用面(凹凸部分)要完全与金属条的表面对齐并贴合(没有段差，完全平坦)。固定好后，准备工作就完成了。

01 将手动弯板钳垂直固定在台虎钳上。

02 手动弯板钳钳头的作用面(凹凸部分)要完全与金属条的表面对齐并贴合。

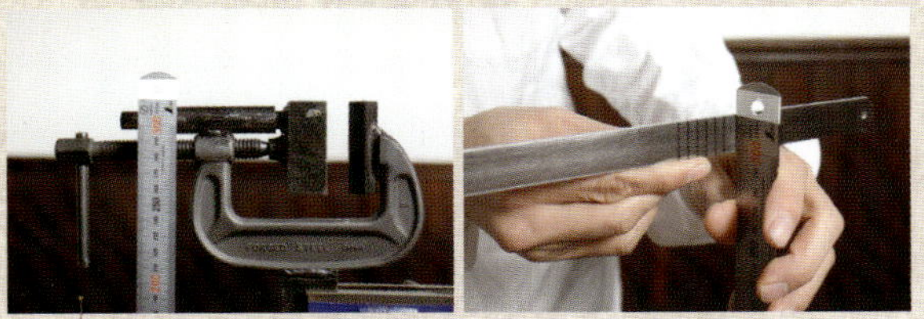

03 用直尺测量金属条两端与手动弯板钳上侧的高度，并调整至相同，金属条就会呈水平状态。

用尺子从一侧测量作业平台到手动弯板钳上侧的高度，并在尺子上做好标记。用尺子从另一侧测量作业平台到金属条上边的高度，然后调整高度，使金属条两端与手动弯板钳上侧的高度相同。这样一来，金属条就会呈现出完全水平的状态，才能折弯出正确的直角。

下面进行实际的折弯作业。根据折弯线，每次只折弯一根折弯线的稍许角度，否则会因折弯过度而失败。从中央的线开始折弯，然后左右交替，依序折弯两侧的线。全部折弯成相同的角度后，再回到中央的线进行折弯。

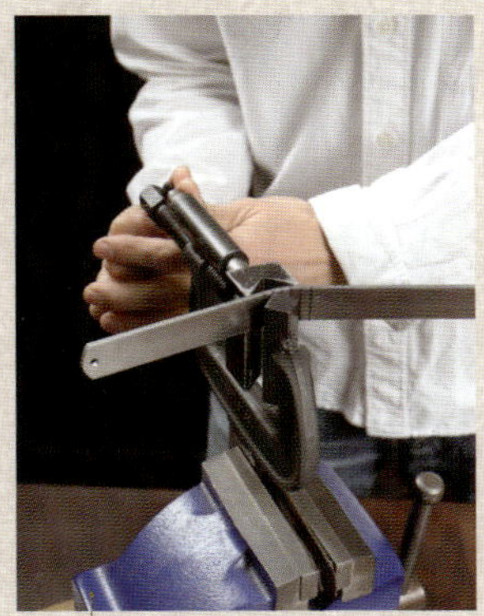

04 从中央的线开始折弯。

05 中央的线折弯到上图中的状态后，折弯下一根折弯线。

06 从中央的线开始，左右交互，依次折弯，便能渐渐折弯成90°。

不要着急，一点一点地进行折弯，便能渐渐折弯成90° 。这时可以对照纸型，观察是否有偏差，并以此为重点进行微调。如果想要把折弯过度的部分伸展开，则可以将金属条反过来固定在手动弯板钳上，便可恢复原状。根据以上所述的方法，将两根金属条的两端都折成直角，内外侧的口金框就完成了。

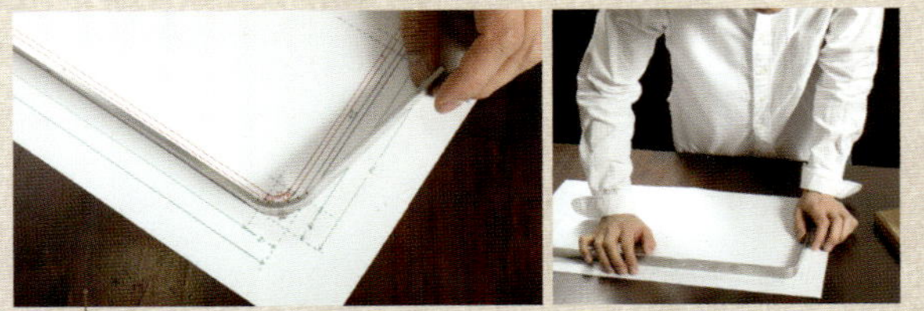

07 折弯接近 90°时，对照纸型，观察是否有偏差。

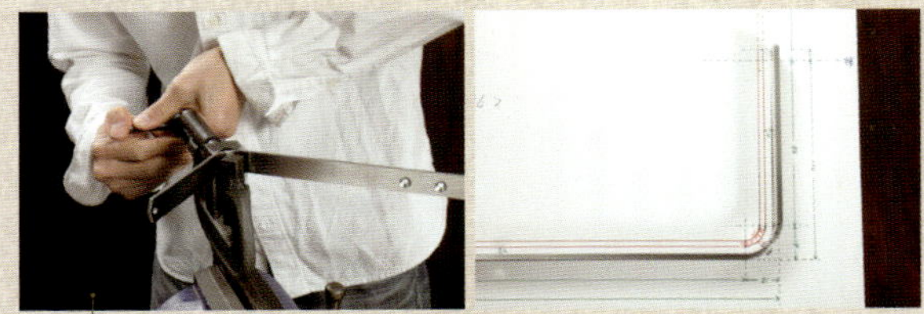

08 一边对照纸型，一边对弯度不足的地方进行调整，直到与纸型的弯度基本相同。

口金框制作完成后，离整个医生包的完成就不远了。

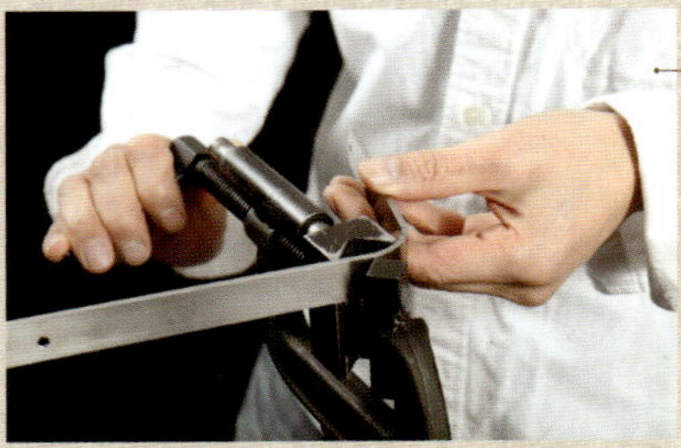

09 折弯过度，可将金属条反过来固定在手动弯板钳上，进行恢复调整。

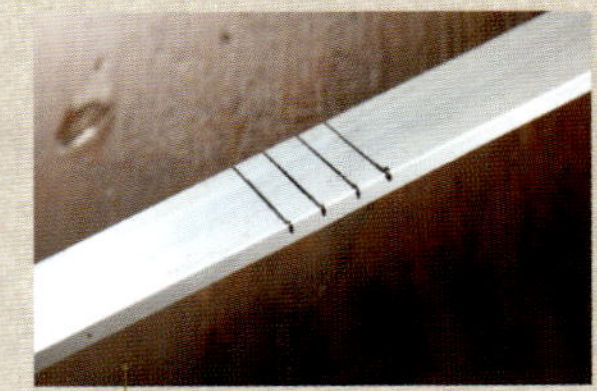

10 以同样的方法折出内侧口金框。

11 内外侧口金框的弯度都要和纸型的弯度一致。

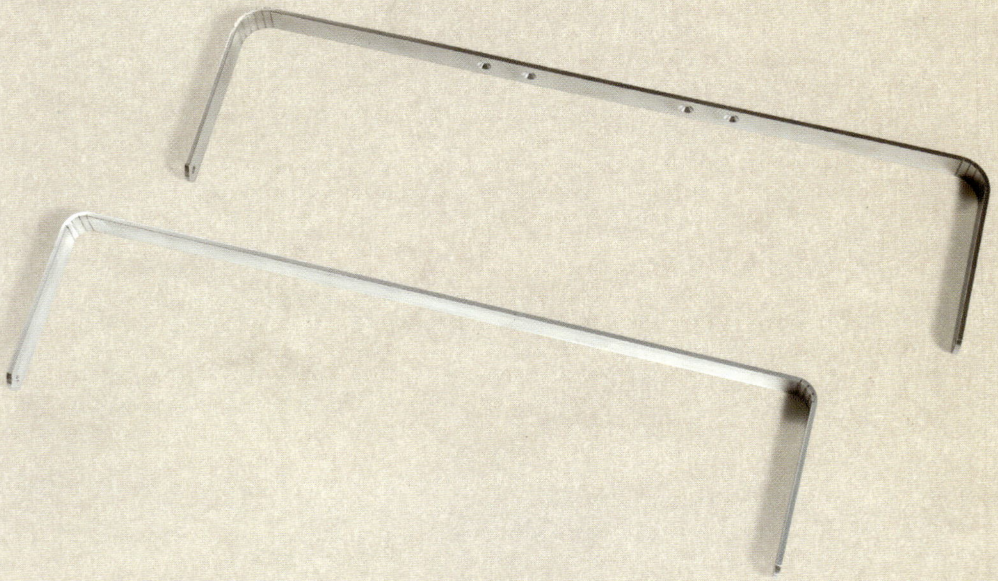

Wrapping up frame with leather

给口金框包覆皮革

用皮革包覆住口金框，口金的制作就完成了。虽然口金框的金属条看起来是扁平的，但是仍然有厚度。因此，要同提手制作时一样，一边拉紧皮革，一边包覆，才能完美地贴合。此外，内外两侧口金框的包覆方式会有一些不同，如包覆的方向、包覆时是否拉伸等，制作时请注意。与其用文字进行说明，不如直接看示意图，应该更容易理解。外侧口金框需要安装提手座，因此需要在包覆住口金框前就用螺丝固定好。为了隐藏螺丝，则将皮革包覆至口金框的背面。此处的制作重点会在之后详细讲解。

这是最后一个部件的制作，大家可以开始准备香槟了！

Tool Check!

◎十字螺丝刀
◎圆斩 ϕ2mm
◎圆斩 ϕ2.5mm

给外侧口金框包覆皮革

先给外侧口金框包覆皮革，并安装上提手座。口金框的包覆革全都是由同样的纸型裁切而成的，因此，无论使用哪一个都可以。

将口金框的所有部位涂上橡胶糊。翻转外侧口金框，将表侧、内侧、所有的侧边涂上橡胶糊。注意，两端的切口也要涂上橡胶糊。总之，无论从哪个角度看，口金框的所有面上都是涂满橡胶糊的状态。

在包覆革的肉面层上，按照纵向、横向分别画出两条中心线，以作为包覆口金框时的基准线。给包覆革的肉面层也全部涂上橡胶糊。

内外口金框包覆皮革的作业是相同的，但组合方式稍有不同。

外侧口金框需要安装提手座。

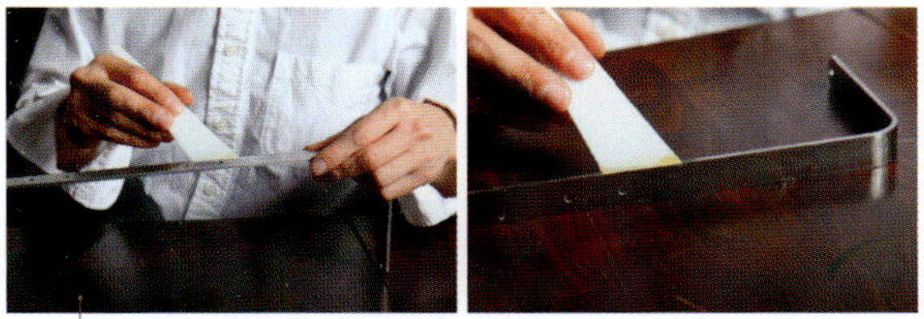

01 在外侧口金框的表面和前方侧面涂上橡胶糊。

［涂抹橡胶糊的顺序］

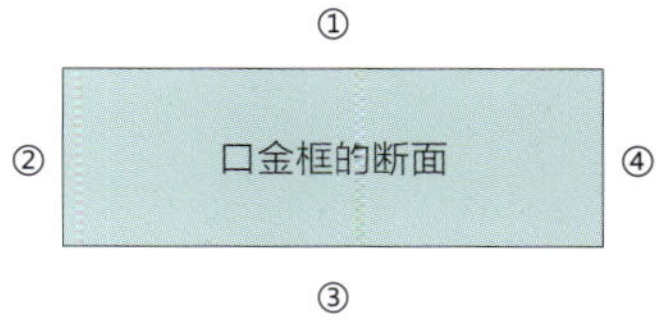

02 翻转口金框，在背面和后方侧面涂上橡胶糊。

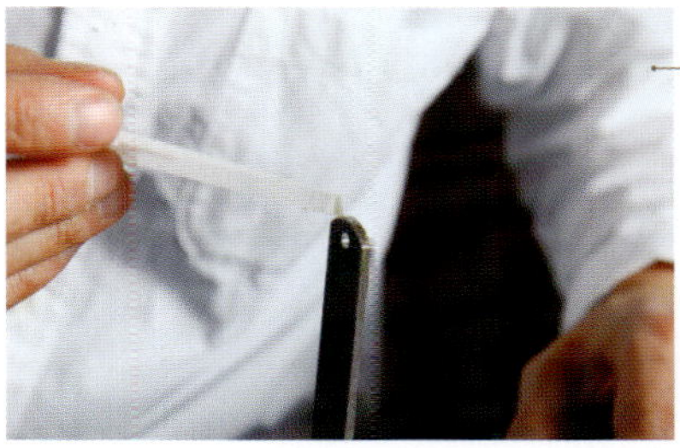

03 在两端的切口涂上橡胶糊。

04 在包覆革的肉面层上画出纵横交叉的两条中心线，并涂上橡胶糊。

将包覆革肉面朝上摆放，将外侧口金框贴合在正确的位置。将口金框的外侧边缘与横向中心线的边缘对齐，然后以纵横交叉的中心为基准点，将口金框贴在正中间的位置。若是在口金框的背面也画出纵向的中心线，对准纵向中心线，贴合便能更轻松。

确实黏合后，用 ϕ2.5mm 的圆斩从口金框的背面在皮革上打出安装提手座用的孔。打好孔后，从背面插入螺丝，在表面安装上提手座，用十字螺丝刀拧紧螺丝即可。此时要特别注意一下提手座的方向。提手座上固定提手用的长螺丝应该是由内向外插入的状态。即使是左右不对称的提手座，长螺丝的方向也应该是由内向外插入。

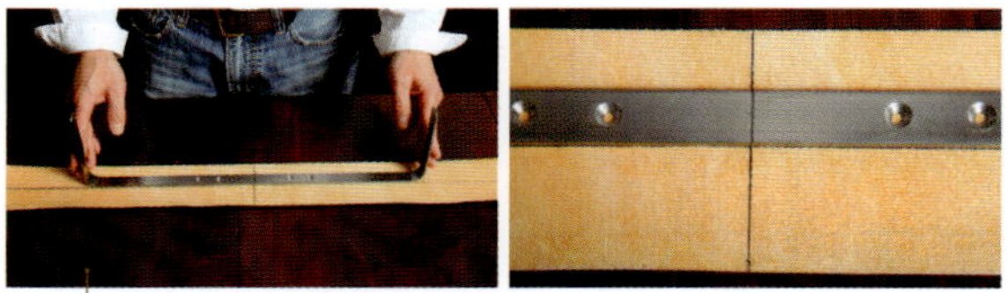

05 将口金框的外侧边缘与横向中心线的边缘对齐，纵向中心线也对齐，然后贴合。

06 用 ϕ2.5mm 的圆斩通过口金框上的孔在皮革上打孔。

07 安装提手座，用螺丝固定。

［提手座的方向］

08 固定好提手座的状态。注意，提手座上长螺丝的方向应该是由内向外插入。

[包覆革示意图]

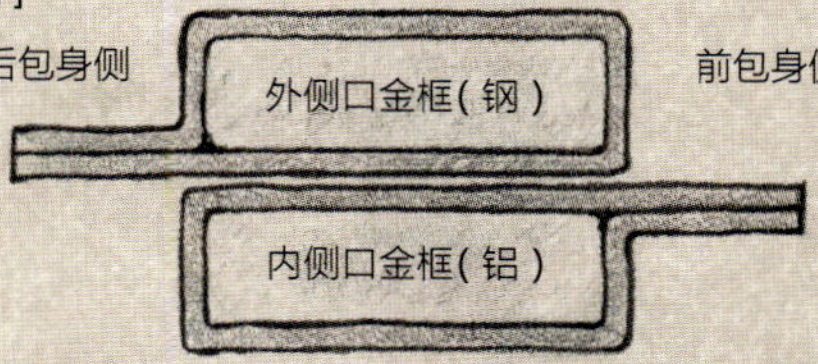

包覆口金框并刮压

将已贴合至表面的皮革包覆住整个口金框。包覆完成后，刮压时注意参照本页右上方的“包覆革示意图”。外侧口金框向内（背面）刮压平展，外侧口金框向外（表面）刮压平展，请一定要注意。

这里先包覆外侧口金框，贴合后需要向内（背面）刮压平展。将两端的皮革拉伸后贴合在口金框上，这样可以使口金框的曲线部分勒入皮革中，使轮廓凸显出来。这是包覆时非常重要的一点。

将包覆革较宽的一侧贴合到另一侧。先将皮革沿着口金框的侧边折成直角以贴合，并确实刮压黏紧。这里要用牛骨棒仔细刮压出棱角。然后将皮革贴合至口金框的另一边，同样折成直角以贴合。口金框的曲线部分内侧的皮革会多出来，要均等地压平，以免产生褶皱，并确实地刮压出棱角。

用牛骨棒刮压，使内侧面的皮革完全平展。像真空包装的压缩饼干一般，刮压出棱角，使口金框的轮廓凸显出来。

从表面将整个包覆革刮压平展，使包覆革与口金框紧密黏合。完全刮压好后就完成了，多余的皮革之后会裁切掉。

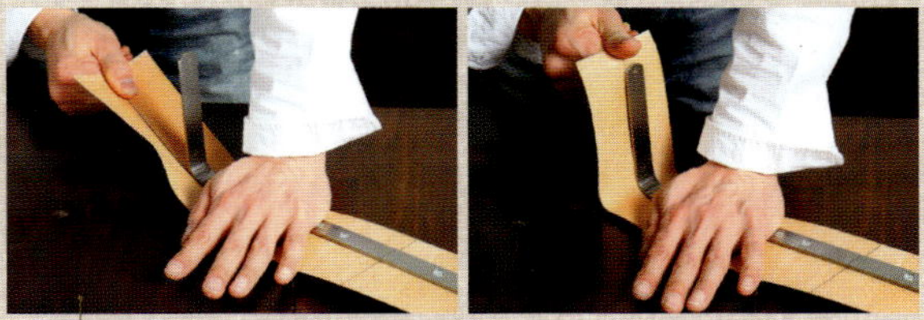

01 将两端的皮革拉伸后贴合在口金框上。

02 使口金框的曲线部分勒入皮革中，使轮廓凸显出来。

03 将包覆革较宽的一侧贴合到另一侧。

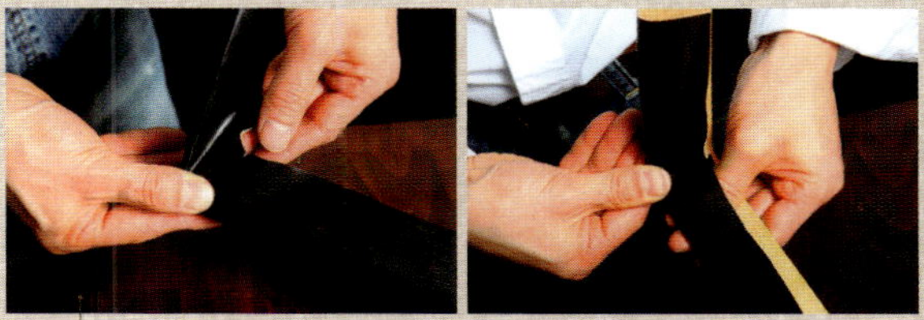

04 将皮革贴合至口金框的另一边，同样折成直角以贴合。

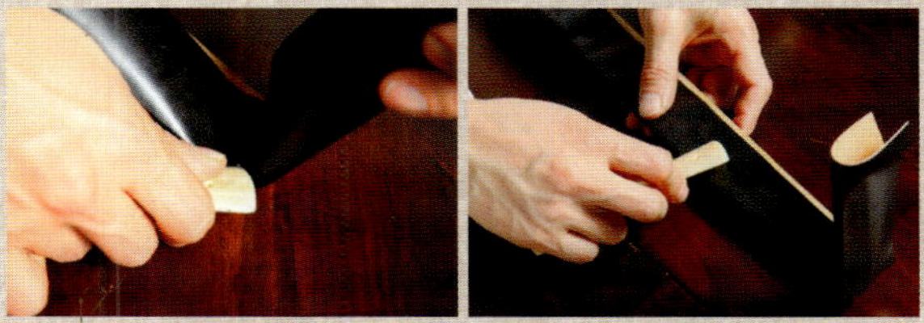

05 用牛骨棒按压口金框的曲线部分，使曲线内侧不产生褶皱。

06 用牛骨棒刮压出棱角，使口金框的轮廓凸显出来。

到此为止的按压、刮压等犹如真空包装一般的作业，非常考验牛骨棒的使用技巧。用力刮压（用力至感觉到有凸起物）、仔细按压是压着作业的窍门。此外，善于利用牛骨棒的尖角、直角、圆角和侧边等部位，可以进行各种改变皮革形状的作业。

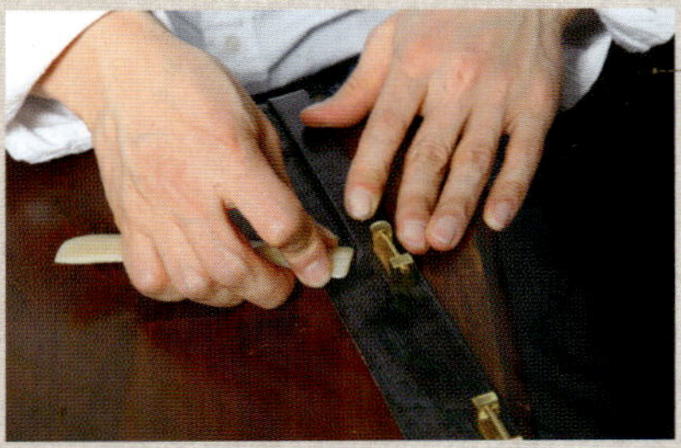

07
整理形状，使包覆革与口金框紧密黏合。

给内侧口金框包覆皮革

接下来给内侧口金框包覆皮革。无须安装提手座，作业本身较为简单。与外侧口金框包覆作业略有不同，口金框的外侧面包覆皮革完全平展。

在包覆革上画出纵横交叉的两条中心线。在包覆革肉面层和口金框所有部位涂上橡胶糊。根据中心线，对齐贴合口金框。此步骤与外侧口金框的操作相同。

接下来是重点。外侧口金框是一边拉伸皮革两端，一边贴合，而这里无须拉伸，自然地弯曲贴合即可。这样，口金框不会勒入皮革中，表面会呈现出平滑的状态。

01　将内侧口金框的表面与包覆革对齐贴合。

02　不拉伸皮革两端，自然地贴合到口金框上。

将包覆革较宽的一侧贴合到另一侧。

将皮革沿着口金框的侧边折成直角，用牛骨棒按压，使侧边紧密黏合。与外侧口金框相同，口金框曲线部分的内侧皮革会多出来。为了避免出现褶皱，要用牛骨棒仔细按压，将皮革均等地压平。将皮革贴合至口金框的另一边，同样折成直角以贴合，并用牛骨棒刮压出棱角，均等地压平褶皱。

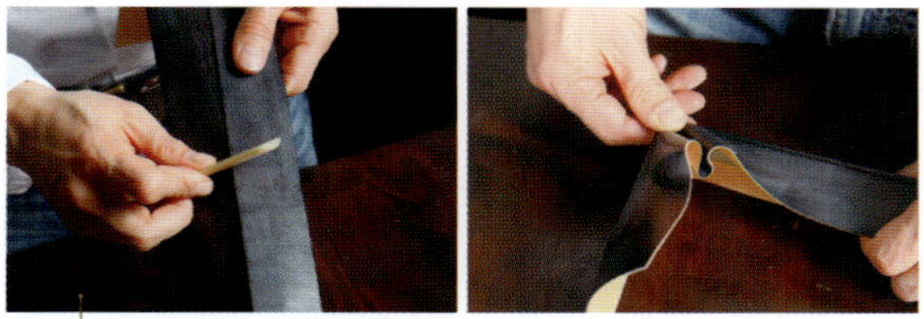

03 将包覆革较宽的一侧贴合到另一侧。

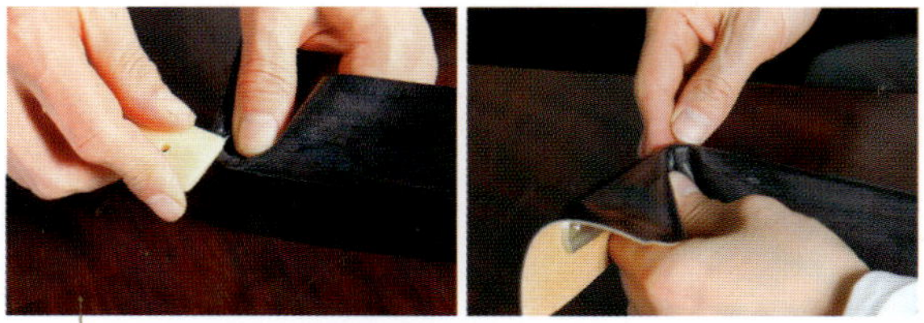

04 口金框的曲线部分内侧容易产生褶皱，要确实按压平展。

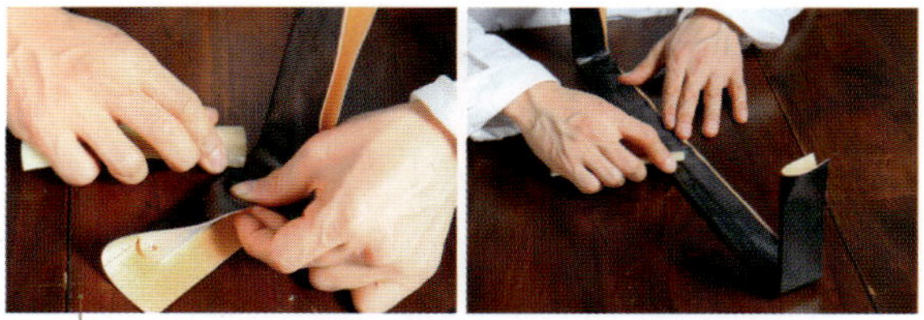

05 将皮革贴合至口金框的另一边，同样折成直角以贴合。

从背面将整个包覆革刮压平展，使包覆革与口金框紧密黏合。象表面完全平展的真空包装压缩饼干一般，刮压出棱角，使口金框的轮廓凸显出来。与外侧口金框相同，完全刮压好后就完成了。

06 从背面将整个包覆革刮压平展，使表面皮革完全平展。

07 整理形状，使包覆革与口金框紧密黏合。

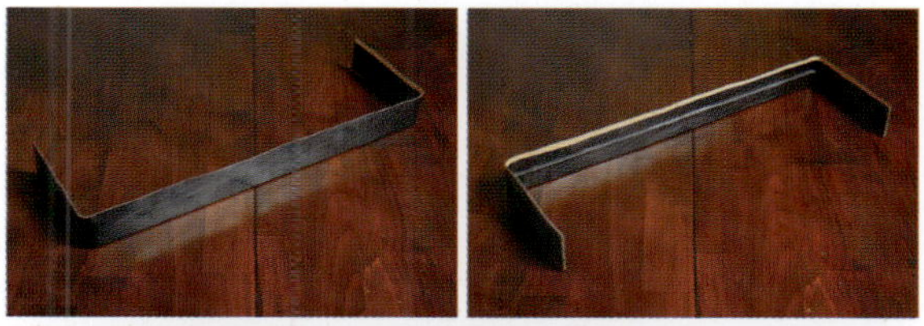

缝合，完成口金框

来吧！进行最后的冲刺！缝合内外口金框组装轴孔端的侧边。具体来说，就是缝合轴孔周围以及轴孔中心 25mm 长的延伸侧边。缝合部分请参考本页左下角的“缝合示意图”。

用 ф 2mm 的圆斩打穿轴孔处的皮革。用圆锥搭配直尺，在距离轴孔中心 25mm 的侧边位置做记号，即缝合的范围。然后从此记号起，向内侧画出 10mm 宽的缝份（与包身缝合）。利用本书之后所附的口金框缝份纸型，可以轻松地画出缝份记号线。画出的线会在缝合后才切掉。

接下来缝合轴孔周围及距离轴孔中心 25mm 的侧边。紧紧地沿着口金框的轮廓，用菱斩打出线孔。从口金框的端部向内侧缝合。按照这个方向缝合，可以使收尾的痕迹留在不起眼的位置。按照一般的缝合方式缝合，回缝收尾即可。

将边线器调整为 3mm 宽，沿着缝线，画出 3mm 宽的裁切线。

成功就近在眼前，香槟准备好了吗？

01 用 ф 2mm 的圆斩打穿轴孔处的皮革。

02 在距离轴孔中心 25mm 的侧边位置做记号。

03 从此记号起，向内侧画出缝份记号线。

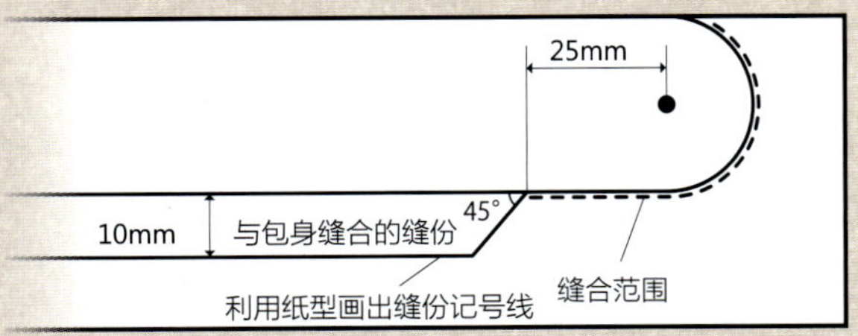

［缝合示意图］

04 在缝合范围内打出线孔，从口金框的端部向内侧缝合。

05 缝合完成后，回缝以收尾。

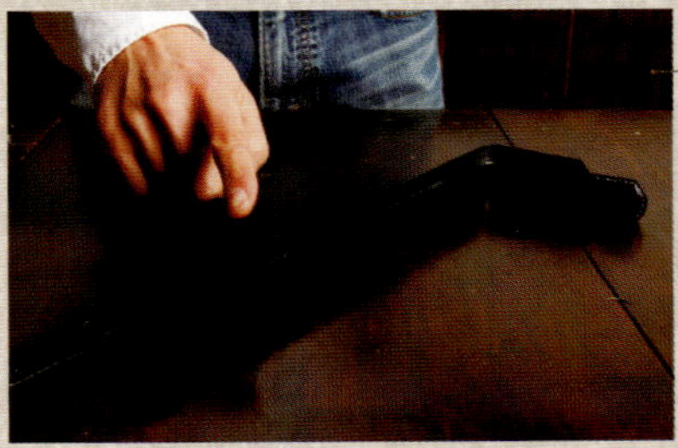

06 沿着缝线，用边线器画出 3mm 宽的裁切线。

沿着边线器所画的 3mm 宽的线，用裁皮刀切除缝线外侧的部分。如果裁切得太多，就前功尽弃了，因此务必要小心地进行裁切。切口不平整也没有关系，之后会进行打磨。

裁切掉缝线外侧的部分后，沿着包身缝份的记号线裁切。由于是直线，裁切起来很轻松。但是口金框的形状比较特殊，如果不便于作业，则可以利用桌角等地方。

裁切作业全部完成后，打磨所有的侧边。因为从包的外侧是看不到这部分的侧边的（打开袋口可以看到），因此将装饰线画在内侧面即可。

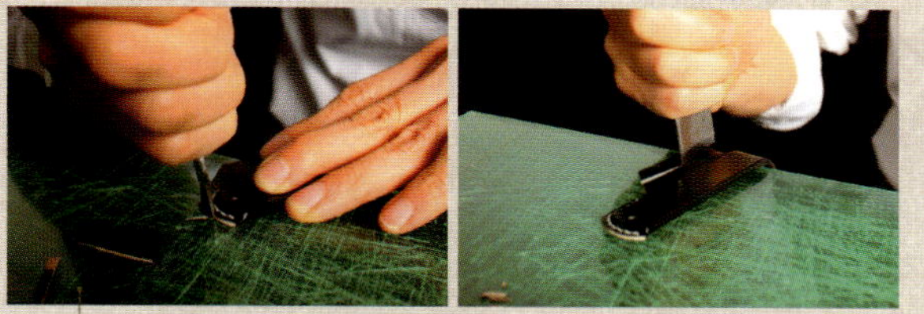

07 用裁皮刀切除缝线外侧的部分。

08 可以利用桌角等地方进行裁切。

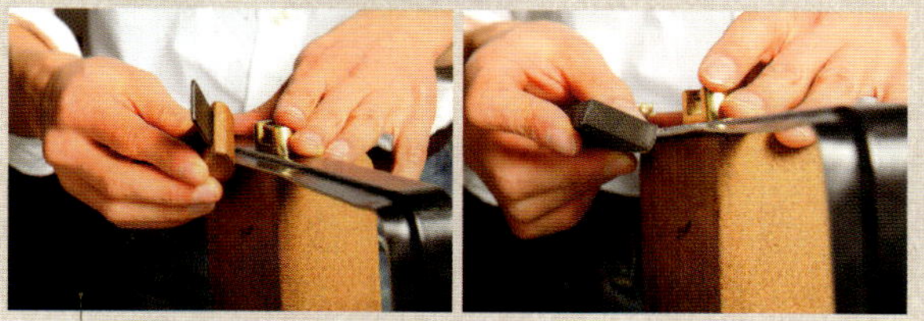

09 打磨所有的侧边。

恭喜！您已经完成医生包所有部件的制作了，打开香槟，今夜就尽情地放松吧！

剩下的就只有组合作业了。等您休息好之后，轻轻翻开下一页，向着目标前进！

10 所有侧边加工完成的状态。

Chapter 4
Assembling
组合

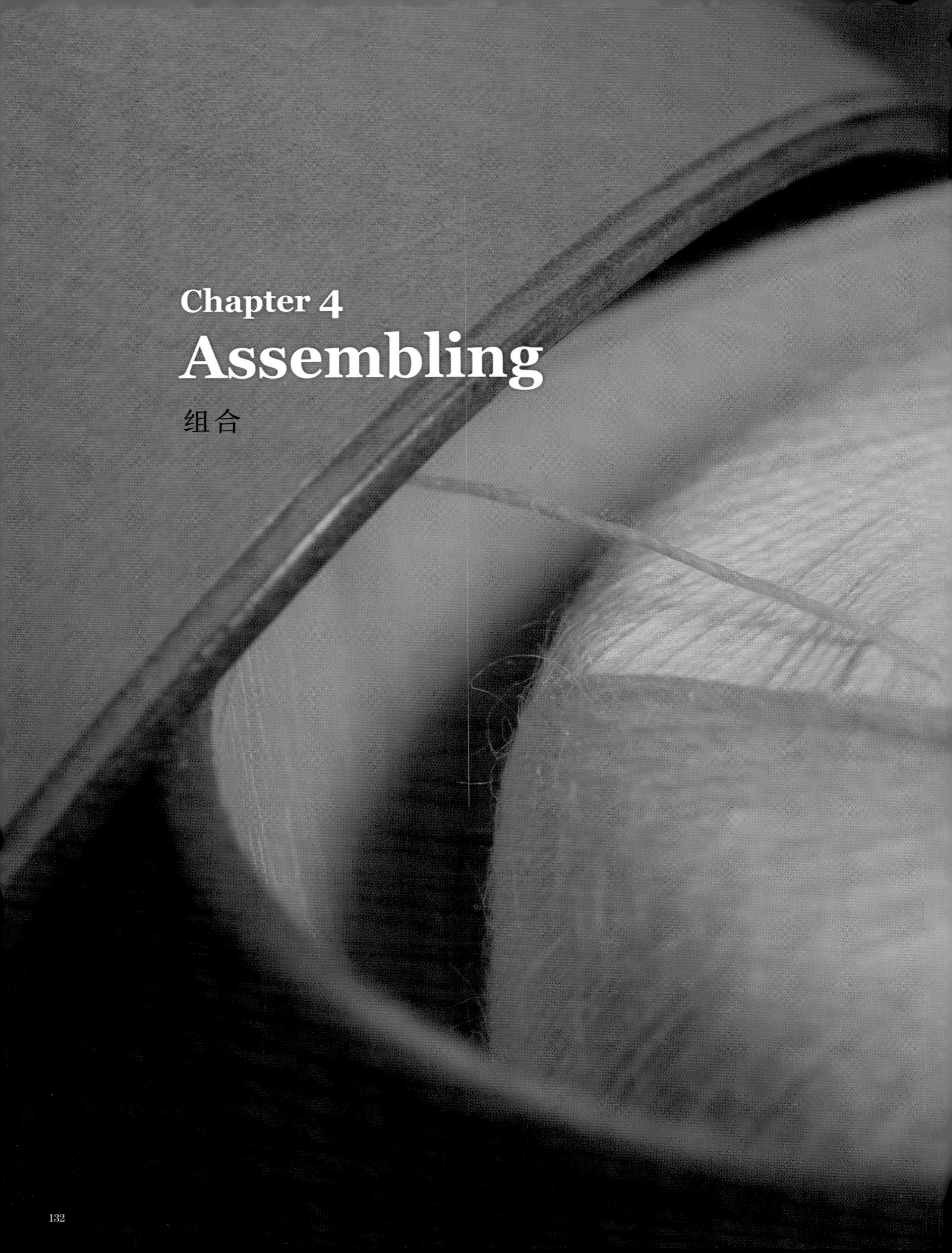

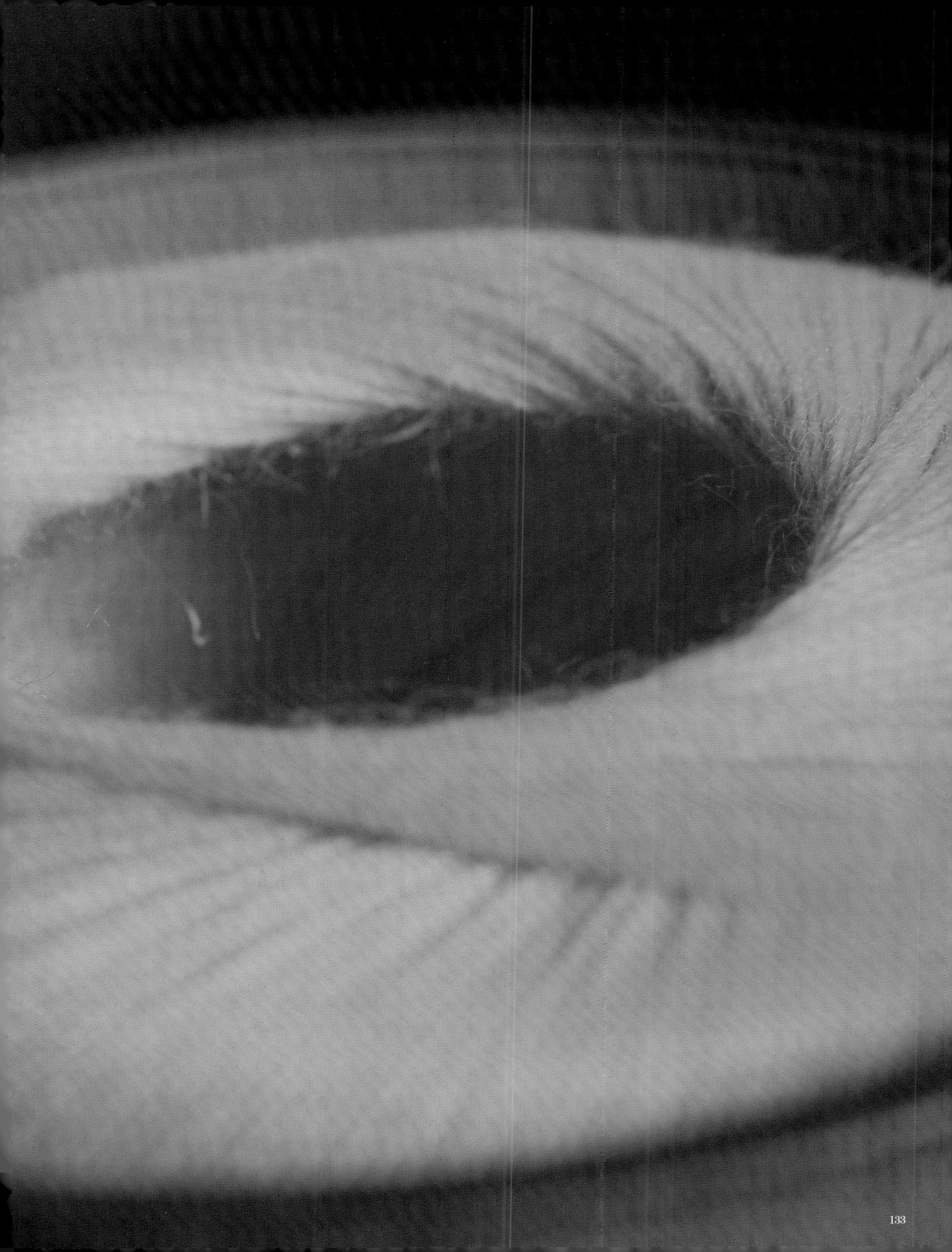

Assembling frames

组合口金框

下面开始进入医生包的组合作业。是不是能够想象到医生包完成后的样子了呢？不要松懈，向着目标前进吧！

前面在制作各部件时，组合所需要的所有孔洞、缝份、折痕都已经完成了。所有的部件都已准备就绪，只待组合了。从此处开始的组合作业就像精巧的拼图一般，充满了趣味性。

第一件要组合的就是袋口的口金框。口金框两端的轴孔用螺丝连接，连接后看起来就像门上的铰链一样。直接使用螺丝虽然没有什么问题，但螺丝的头部是裸露在外面的，我们可以运用“包扣”的技巧给螺丝的头部包覆上皮革。固定时将螺丝穿过轴孔，拧紧即可。但是由于螺丝比较长，所以穿过轴孔并拧紧后，从内侧剪断，进行铆接处理。此外，内外口金框在组合时，中间要夹入皮质的垫片。

螺丝头的包覆革和垫片在纸型上均有记载，根据纸型，将其裁切出来即可。包覆革使用 0.5~0.8mm（根据皮革硬度进行调整）的皮革，垫片使用约 1mm 厚的皮革。

Tool Check!

◎剪钳	◎圆斩 φ3.5 mm
◎铁锤（金工用）	◎圆斩 φ12mm
◎万用环状台	◎圆斩 φ16 mm
◎一字螺丝刀	

用皮革包住螺丝头部

让我们把螺丝头部用皮革包覆起来吧。包覆革纸型的直径为 16mm，可以包覆住 8mm 左右的螺丝头部。不论螺丝头部的大小怎么变化，只要裁切出螺丝头部直径 2 倍大小的皮革即可。

包覆革的边缘需要进行削薄。先在包覆革的中心画出一个 2~3mm 的圆（不用测量，直接画即可），然后对圆的外侧进行削薄。由于这个零件很小，因此削薄比较困难，这时可以利用桌角等地方。

从中心向外侧削薄，削成如富士山的断面的样子就可以了。反复揉搓包覆革，使皮革变软，以便于包住螺丝头部。

在包覆革和螺丝头部上都涂抹上橡胶糊。前者只涂抹整个肉面层即可，后者除了涂抹螺丝头部表面外，螺丝头部的内侧也要涂抹橡胶糊。

[包覆革的削薄示意图]

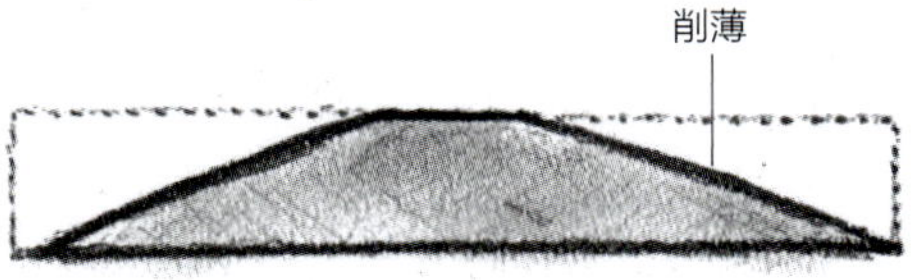

01 在包覆革的中心画出一个直径 2~3mm 的圆。

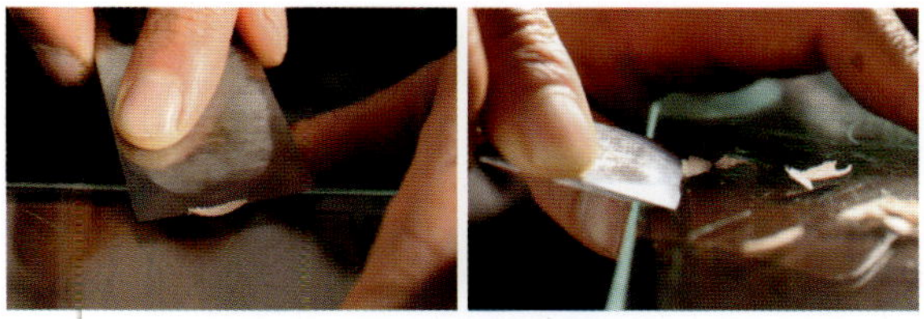

02 利用桌角，对包覆革进行“零厚度”的斜向削薄。

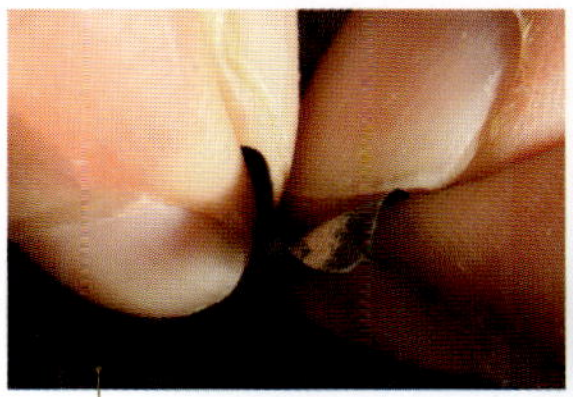

03 反复揉搓，使皮革变软。

04 在肉面层上涂抹橡胶糊。

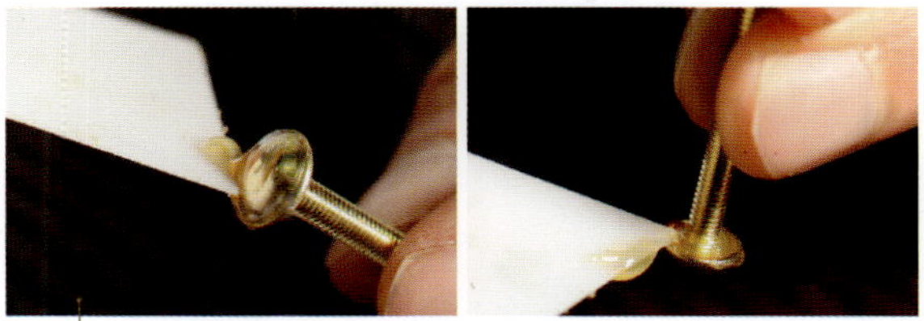

05 在螺丝头部的表面和内侧涂抹橡胶糊。

橡胶糊涂抹完成后，将包覆革平放在桌面上，将螺丝头部对准中心贴合。沿着螺丝头部的曲线自然地贴合。捏紧皮革以贴合，将皮革的边缘折成均等的褶皱，使表面平滑，这时看起来就像是打开了伞的蘑菇一样。

表面贴合好之后，用圆锥将皮革按压进螺丝头部内侧，将整个螺丝头部包覆住。为防止脱落，要确实进行按压。这里需要将两根螺丝的头部都包覆上皮革。

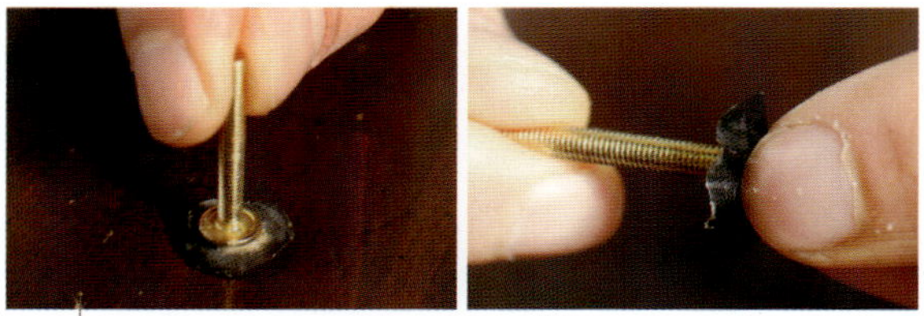

06 将螺丝头部对准包覆革中心贴合。

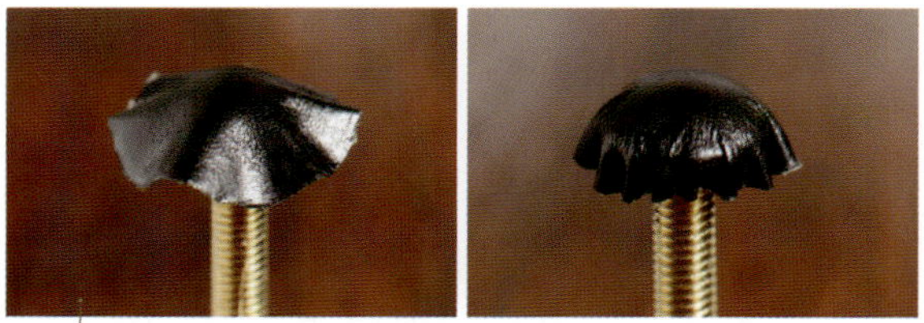

07 捏紧皮革以贴合，将皮革的边缘折成均等的褶皱，使表面平滑。

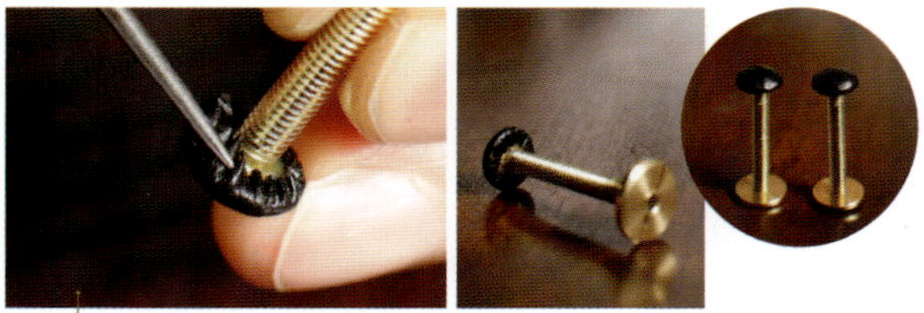

08 用圆锥将皮革按压进螺丝头部内侧。

用螺丝固定口金框

用头部包覆了皮革的螺丝固定口金框。

这里需要事先准备好垫片。垫片为圆形，直径12mm，中心打出一个3.5mm的圆孔。中心的圆孔裁切比较困难，可用相应尺寸的圆斩打孔。垫片的边缘能从口金框的缝隙中看到，因此要对其边缘进行打磨加工。

先从外侧口金框的表面将螺丝插进去。螺丝的尺寸和轴孔的大小基本相同，因此需要转动螺丝，才能顺利插入轴孔中。插入外侧口金框后，再穿上垫片，然后再插入内侧口金框的轴孔中。最后，拧上螺帽。螺帽有两面，螺帽有沟槽的那一面朝向外侧。

01 从外侧口金框的表面插入螺丝，从背面穿上垫片。

02 然后插入内侧口金框的轴孔中，最后拧上螺帽。

将螺帽拧到最底部后，用一字螺丝刀确实拧紧。这里有一点非常重要，螺帽的松紧程度会直接影响口金框的开合，所以调整到自己喜欢的松紧程度即可。若想很轻松地开合袋口，则不要拧太紧。若想袋口可以以任何角度都能固定住，则拧紧一些。

螺帽上多出的部分剪断后做铆接处理。此处与锁扣用钉子固定方法相同，用剪钳剪断螺丝，保留稍许螺丝头（约 1mm），用铁锤反复敲打，做铆接处理。其实就是将保留的螺丝头敲打变形，卡入凹槽中，以固定螺帽。

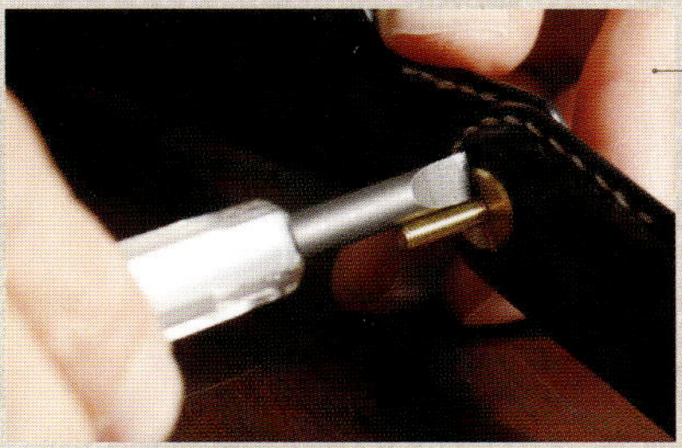

03 用一字螺丝刀拧紧螺丝。

04 保留稍许螺丝头，剪除多余部分。

05 进行铆接处理，固定螺帽。

此外，如果在平坦的桌面上进行作业，有可能会损坏螺丝头部。因此，作业时要在万用环状台上进行，同时还要垫上一块废皮革，以保护万用环状台和螺丝。使用与螺丝头部尺寸相对应的凹槽。

最后，用螺丝刀拧动螺丝，确认是否固定牢固。如果固定牢固的话，那么螺帽与螺丝会同时转动。

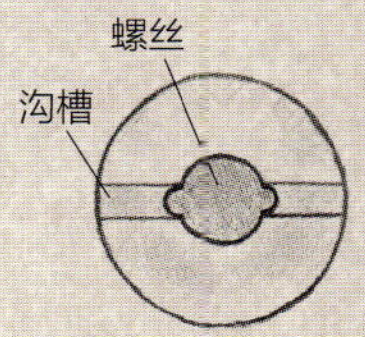

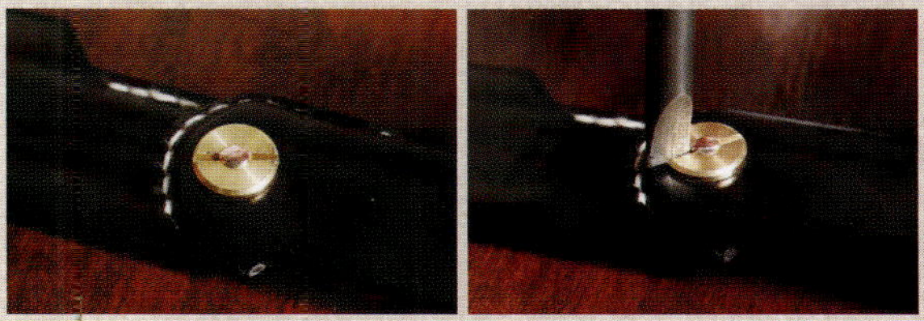

06 拧动螺丝，确认是否固定牢固。

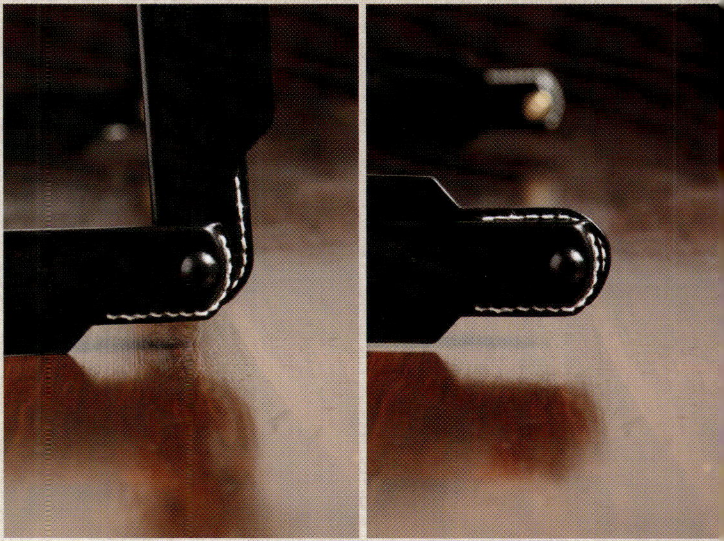

Combining partition with gusset

组合裆部和隔板

这是本体的组合作业，折弯底部和两侧的裆部，夹入隔板并缝合。到这里，距离完成已经可以倒计时了，快把这个好消息告知亲朋好友吧！如果这是公开的制作进度，那么你应该会有一种义务感。保持这种这种心态，投入到制作中吧！

裆部的折叠部分在之前已经进行了切削，因此，这里的作业会相对简单很多。具有立体感的折叠方式稍微有一点复杂，但对喜欢折纸的朋友来说，这或许是一项非常有趣的任务。

夹入隔板后，从折痕的外侧缝合固定。缝合用的线孔也事先已经打好，操作起来应该不是很难。运用最基本的缝合方法进行缝合吧！

裆部塑形

做出夹住隔板的折痕，塑造裆部的形状。裆部内侧缝合线间的范围需要与隔板黏合，因此这里要事先用美工刀刮粗。同时，也要刮粗隔板两侧边以及底边约 6mm 宽的范围，做好黏合前的准备。注意，隔板两侧边和底边的两个角（直角边 10~20mm 的范围）在组合后仍可以看到，因此不要刮粗。

将直尺抵在裆部长六边形的中心线处，用牛骨棒的尖角用力划出一条平直的折痕线，便于准确地夹住隔板。沿着折痕线仔细折弯，塑造折痕。

这里展示了牛骨棒的一种新的技巧。牛骨棒作为一种手工工具，虽然没有专门的用途和特别之处，但正因为其简单又用途广泛，可以说是非常实用的工具。请各位一定要准备一件牛骨棒，以便于灵活运用。

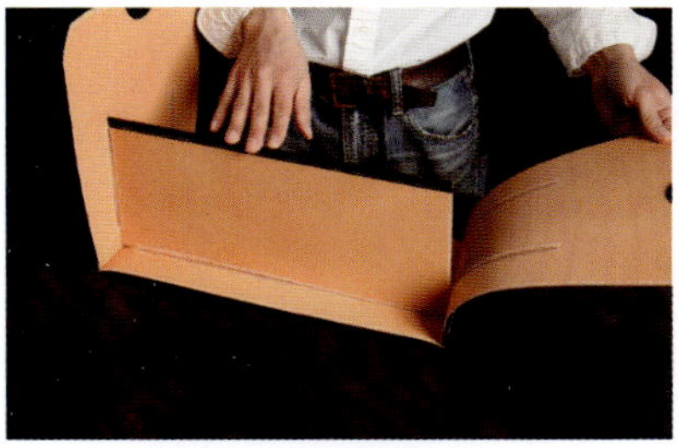

裆部的折痕范围会完全包裹住隔板的刮粗部分。

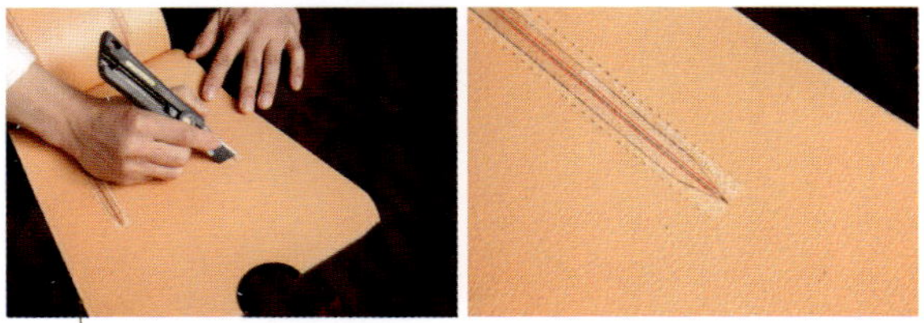

01 刮粗折痕缝合线间的范围。

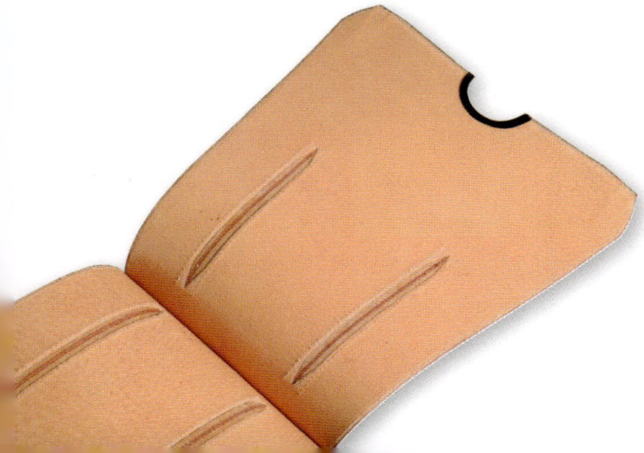

02 刮粗隔板两侧边以及底边约 6mm 宽的范围。下面两个直角除外。

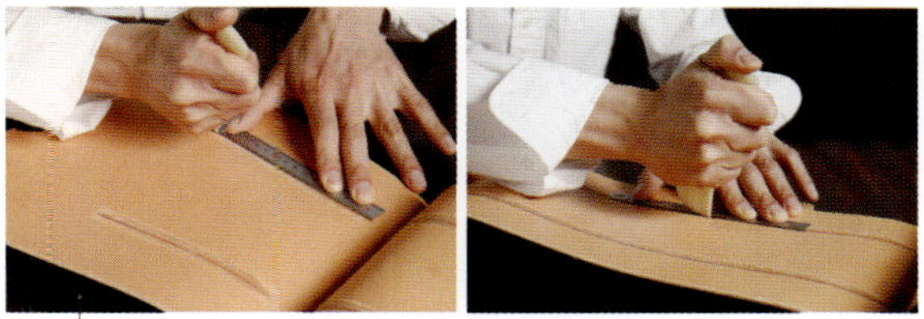

03 用牛骨棒的尖角用力划出折痕线。

04 沿着折痕线仔细折弯，塑造折痕。

将折痕部分放在软木垫上，用牛骨棒用力刮压出明显的折痕。如果在坚硬的桌面上作业，则可能会损伤皮革。如果此处的折痕没有折好，之后夹入隔板，用橡胶糊黏合时，折痕很可能会支撑不住张力而崩开。

折痕折好后，就开始塑造裆部的形状吧！将接缝处（两侧裆部和底部裆部缝合处）塑造出波浪起伏的形状。用力折弯接缝处，使底部裆部形成锐利的弯曲，且弯曲部分恰好夹住侧边裆部。折痕之间的部分则折弯出自然的弧度。

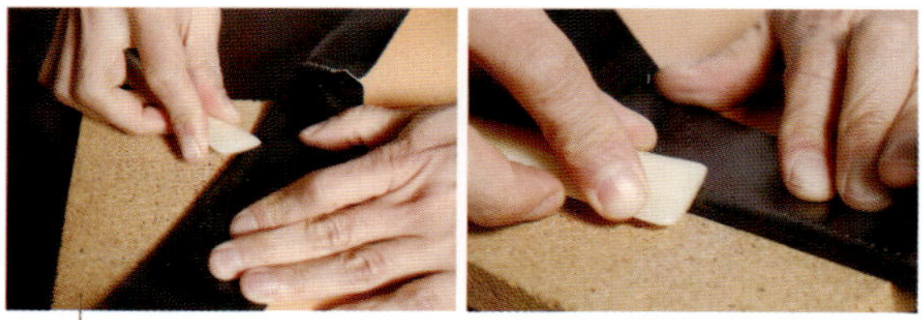

05 用牛骨棒用力刮压出明显的折痕。

06 折弯接缝处，塑造形状。

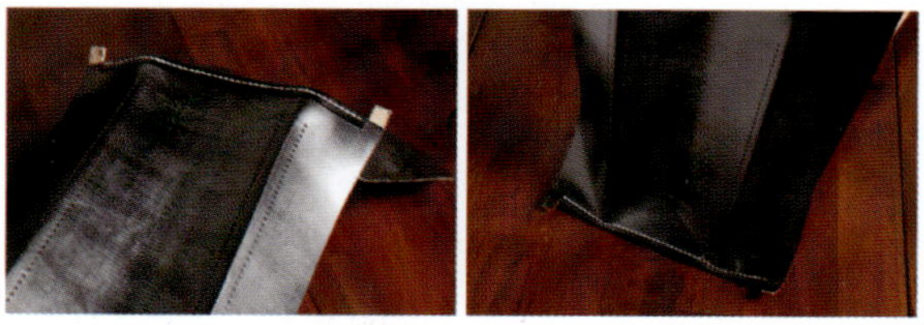

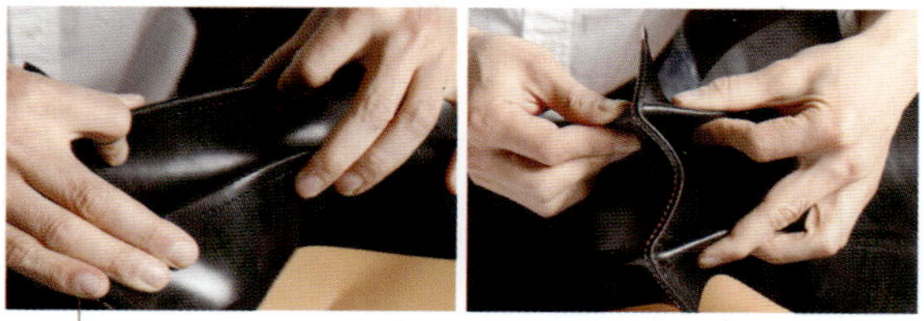

07 将底部裆部折出夹住侧边裆部的锐利弯曲。

08 形状塑造完成的状态。

夹入隔板

将隔板夹入裆部的折痕中，并切实黏合紧。因为之前已经折好了折痕，因此夹入隔板后的黏合作业很简单。但要注意整体的协调，以免崩开。

在裆部折痕的黏合范围内涂上橡胶糊。由于这里的黏合范围是狭窄的封闭区域，因此涂抹时很难涂薄。这时需要使用我们的秘密技巧。沿着缝合线的外侧贴上纸胶带，以作为涂抹时的隔离带。贴好后再涂抹橡胶糊，就不用担心溢出的问题了。当涂抹完成后，再将纸胶带撕下来即可。

隔板上也要涂上橡胶糊。除了刚才刮粗的范围，隔板的侧边也要涂抹。

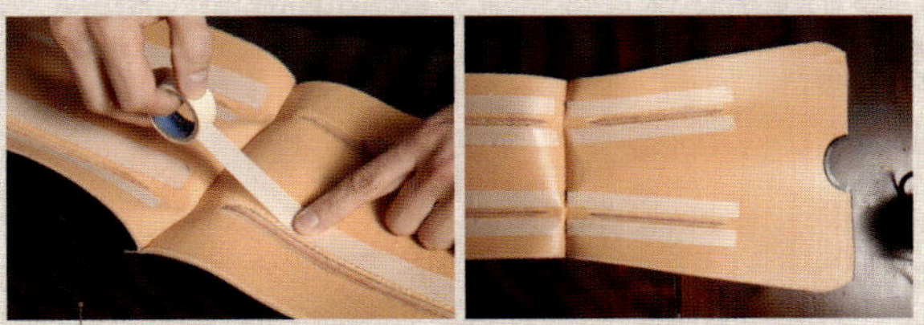

01 沿着缝合线的外侧贴上纸胶带。

02 在贴好的纸胶带间涂上橡胶糊。

03 撕下纸胶带。

分别在包底裆部长六边形中心线和隔板下边做出中点记号，作为黏合时的基准记号。运用纸型隔离法先黏合中点位置，并确认黏合位置。这时可以将长六边形内 2mm 宽的线（中心线两侧，P103 所画）当作引导线，将隔板黏合在正中央。

确认位置后，抽出纸型，将隔板整个下边全部黏合住。

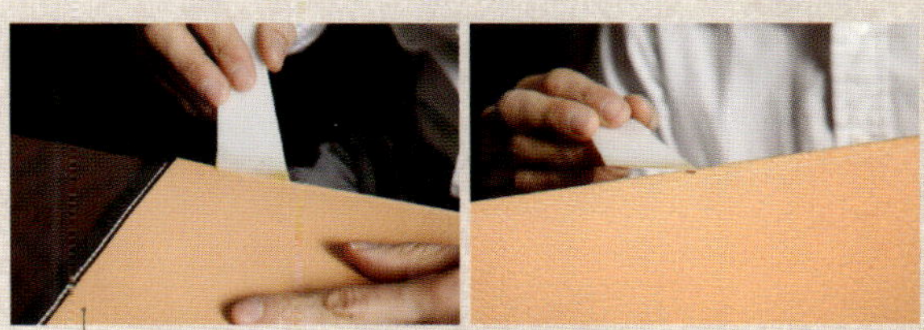

04 在隔板的刮粗范围和底部侧边上涂上橡胶糊。

05 分别在包底裆部长六边形中心线和隔板下边做出中点记号。

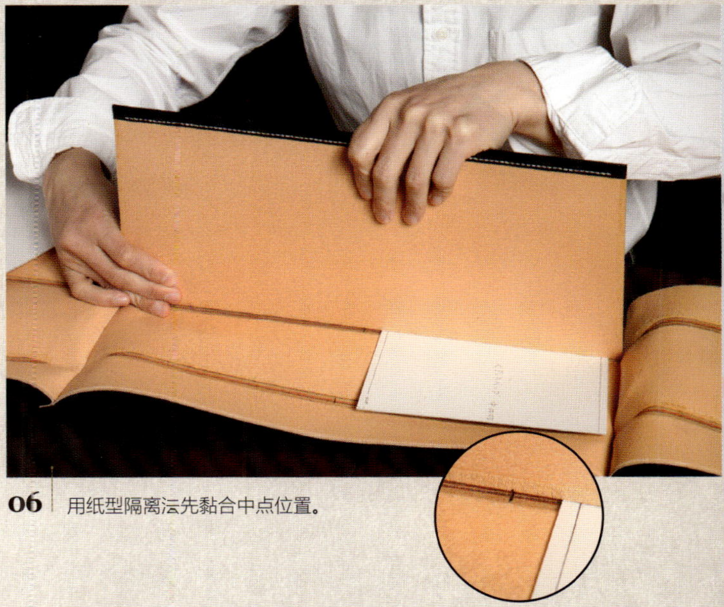

06 用纸型隔离法先黏合中点位置。

然后，将隔板两侧边与侧边裆部黏合。将隔板底部的角紧贴着侧边裆部，从下往上进行黏合。注意，角部不要产生空隙。黏合时，同样以折痕的长六边形内 2mm 宽的线为引导线，将隔板夹在正中央。黏合好一侧边后，再黏合另一侧边。如果隔板底部的角不能紧密地与侧边裆部结合，则需要裁切隔板以调整宽度。

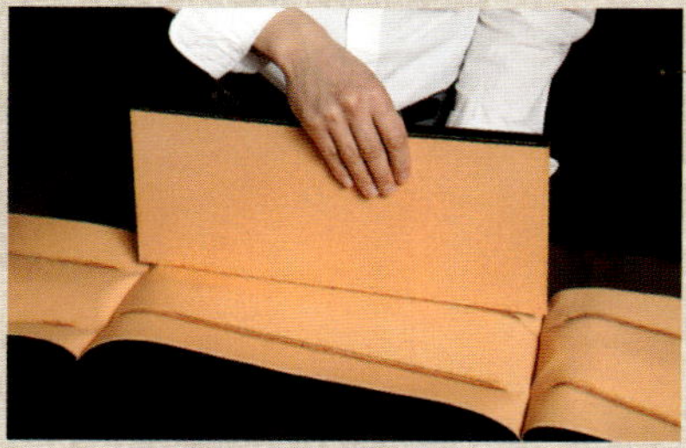

07 抽出纸型，黏合隔板整个下边。

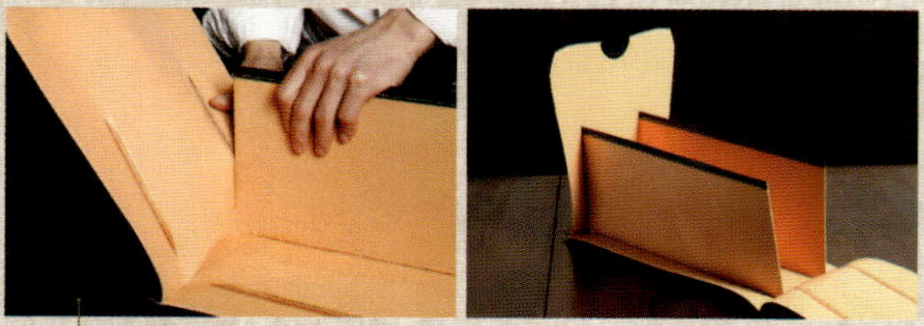

08 将隔板底部的角与侧边裆部紧密黏合。先将一边的侧边裆部黏合好。

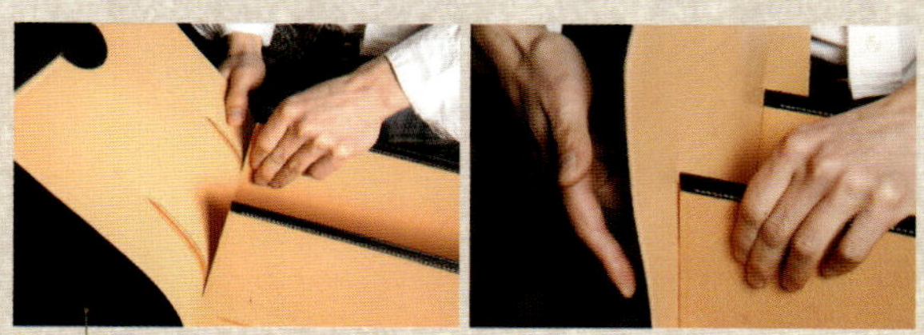

09 接着黏合另一侧。

两侧全部黏合好后，用牛骨棒刮压以黏紧。若是没有紧密地衔接好，折痕间就会产生间隙，最终导致缝合时只缝到折痕而没有缝到隔板。因此，此黏合作业一定要认真地完成。确实黏合后，将折痕捏紧，使涂抹了橡胶糊的范围全部黏合住。同样需要用力地压紧，以免崩开。

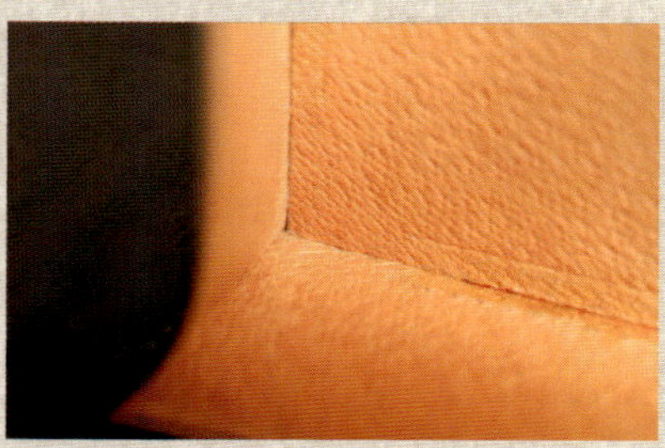

隔板底部的角务必要与侧边裆部紧密结合，避免产生缝隙。若是角部不合适，则需要裁切隔板以调整。

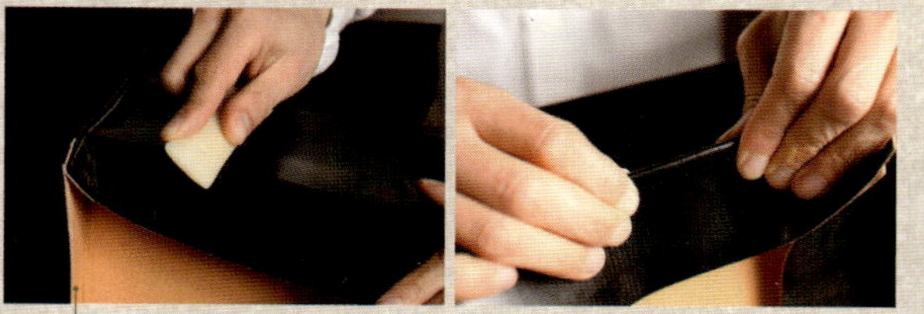

10 从侧边用力刮压，并捏紧折痕，使全部黏合。

此为黏合固定好的状态，请尽早进行缝合。

缝合

裆部折痕周围的缝合用的线孔已事先打好，此时只要用圆锥贯穿隔板，直接缝合即可。重点是侧边裆部要从上往下缝合。由于上端很容易晃动，从这里开始缝可以提前进行稳固。另外，起针处需要进行双重缝，回缝两针以做补强。

侧边裆部共 4 处需要缝合，包底裆部共 2 处需要缝合。这 6 处全部缝合好后，裆部与隔板的组合作业就完成了。

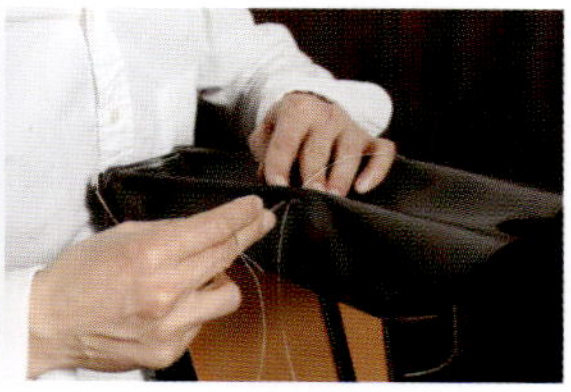

侧边裆部从上往下缝合。起针处进行双重缝，以做补强。

Combining gusset with panel

组合包身与衬部

接下来，组合包身与衬部。请参照上方组合完成的图片。已经能看出手提包的样子了，让人情不自禁地想提着它出门。

根据本节的讲解步骤，黏合包身与衬部。注意，黏合时要贴齐。因为一点点偏差就有可能导致整个包的变形，因此务必要对准中间的记号和各个角，确保整体平衡和左右对称。此外，为了提高整个包的完成度，我会讲解几个组合时的小要点，请各位制作时多加注意。

包身与衬部缝合在一起后，再打磨侧边就完成了。由于包身的侧边处于整个包最显眼的位置，因此需要比平时更加认真地打磨。最后的工序非常重要，请一定要重视，认真地完成。

黏合包身与裆部

将包身与“凵”形的裆部相黏合。在包身与包底裆部的各侧边做出中点记号，作为正确黏合的基准记号。然后在所有黏合部位边缘画出 3.5mm 宽的线，并刮粗线的外侧，涂抹上橡胶糊。确认前后包身，不要弄混淆。

在正式进入黏合作业之前，先给各位说明一个要点。在黏合包身与裆部时，并不是对齐侧边贴合，而是要使裆部的侧边稍微突出一点（参照本页右边的示意图）。这是为了避免在打磨侧边时过于打磨包身的侧边。若是包身的侧边突出，则包身侧边的缝份宽度就会被打磨掉。

让我们开始黏合吧！首先把上方的角对齐黏合，然后就那样顺着往下黏合。但是，不要直接黏合到下角，而是贴到中间处停下。这时对齐包底裆部和包身下边刚才做的中点记号并贴合，然后将中点左右两边贴合。接着往下黏合侧边，直到下方的角为止。将下方的角折弯向内侧并黏合。包侧裆部和包底裆部的接缝如果组合得好，这时下边的角便可以黏合成直角。最后黏合好剩下的部分即可。

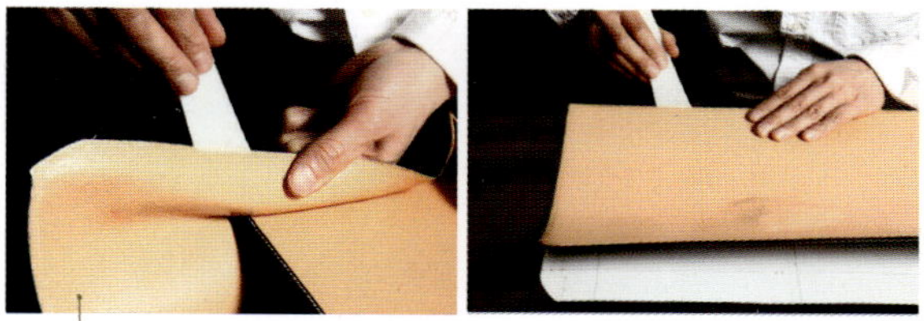

01 除了包身的上边，刮粗所有侧边 3.5mm 宽的黏合范围并涂上橡胶糊。

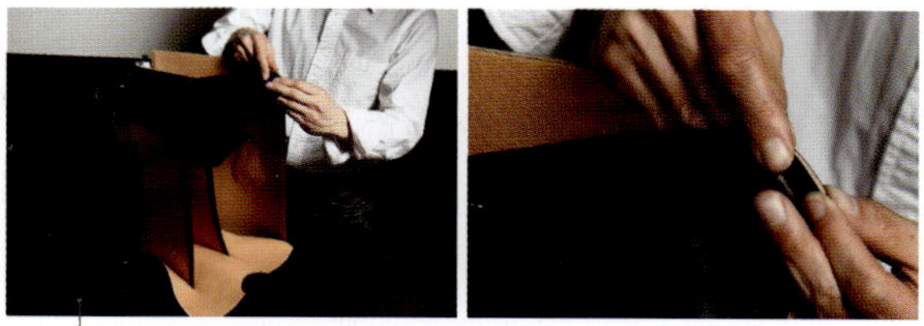

02 从上方的角开始黏合，到快到中间的位置为止。

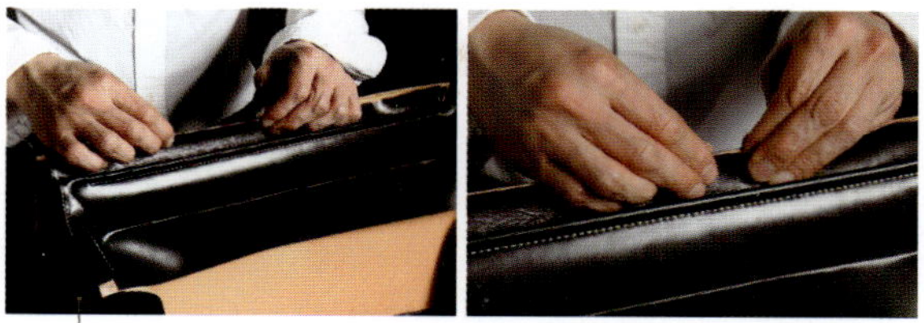

03 对齐包底裆部和包身下边的中点记号，向左右两边黏合。

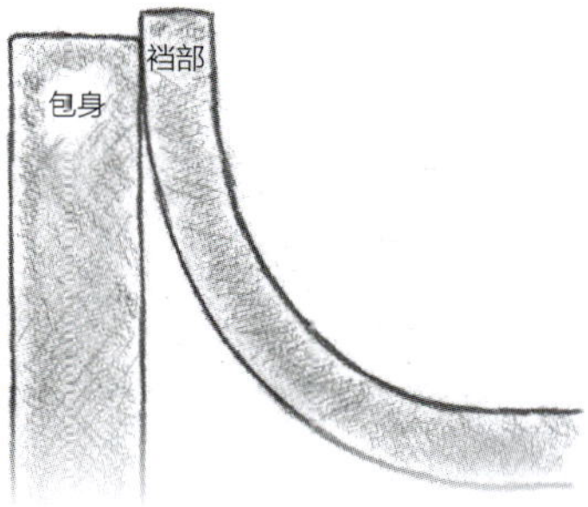

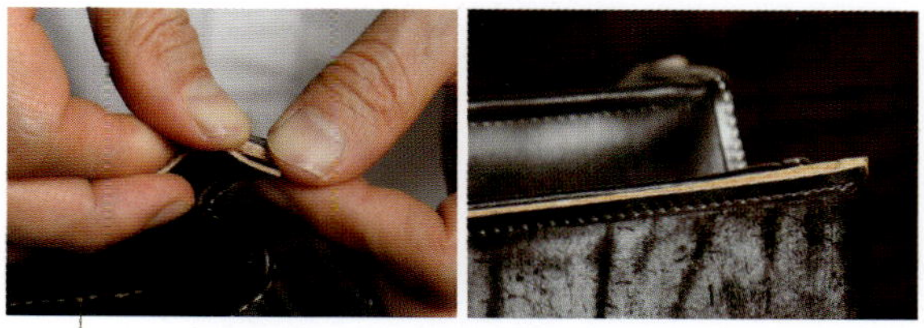

04 将下方的角折弯向内侧并黏合。

05 将下方的角对齐缝份，黏合成直角。

所有侧边黏合好后，利用桌角等地方，用牛骨棒刮压黏紧。以同样的方式黏合后包身。最后，从各个方向进行观察，确认是否有贴歪的地方。

06 确实刮压以黏紧。

07 以同样的方式黏合后包身。

缝合&打磨侧边

黏合完成后，缝合并打磨侧边。

缝合方式和平时一样，没有什么特别需要注意的地方。从上方其中一个角开始，沿着“凵”形缝合，缝到上方另一角后回缝收尾。顺便说一下，上角的线孔在缝合袋口口金框时，还会再缝合一次。

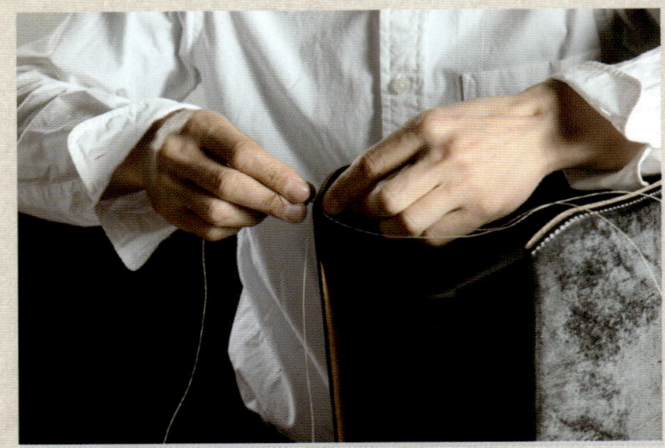

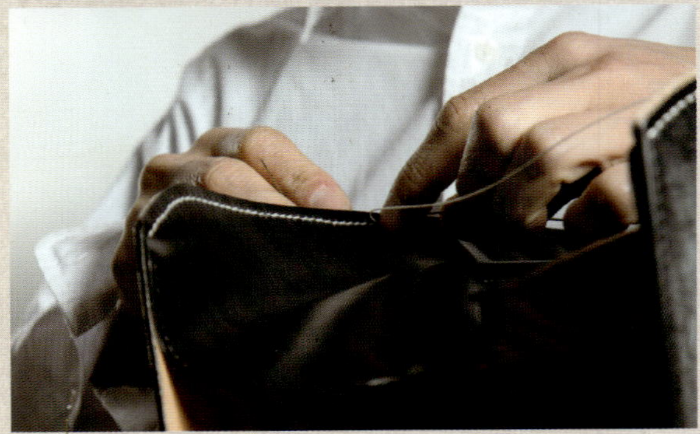

01 缝合包身与裆部。

02 回缝后收尾。

缝合好一片包身后，以同样的方式缝合另一片包身。

03 以同样的方式缝合另一片包身。

下面开始整理侧边吧！首先，削除侧边稍微突出的裆部侧边。轻轻抓住裁皮刀，并放倒至近乎水平的状态，削过侧边。削下的皮革如细丝一般。如果握得太紧或者是用力过大，则会连包身的侧边也削掉，因此要谨慎操作。

下角的针脚为圆弧状，因此这里要将下角也裁切成和针脚一样的圆弧状。将下角抵在桌角等地方，用裁皮刀进行裁切。之后还要用刨子进行修整，裁切时有些不平也没有关系。

用刨子将所有的侧边削切平整。

04 用裁皮刀削除侧边稍微突出的裆部侧边。

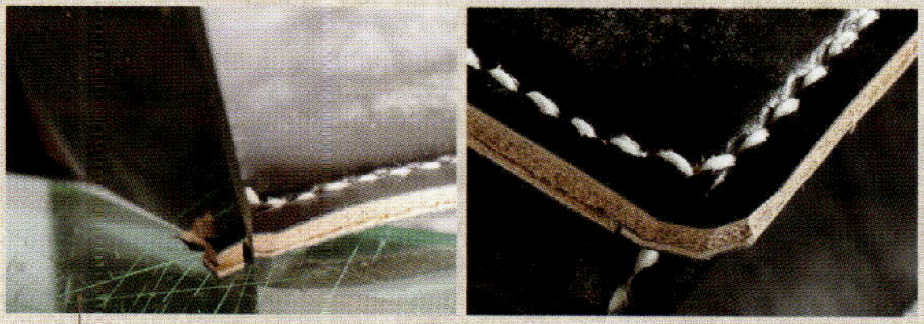

05 配合针脚的弧度，裁切下角。

06 用刨子削切所有的侧边和下角。

开始全面打磨整个包身的侧边吧！进入最后的冲刺阶段。

用砂纸打磨整个包身的侧边，将侧边打磨光滑。将侧边的断面打磨成圆弧形。这样的侧边强度更高，耐久性更强，黏合好的皮革也不易分离。打磨到即使用指腹触摸，也不会感到粗糙，用手尖去抠，黏合处也不会分离的程度吧。全部打磨光滑后，涂上染料。

涂完染料后，用边缘处理剂（赤菜）打磨侧边。因为包身的侧边都比较厚，因此要用力打磨才好。诀窍是轻轻弯曲手指，拿着布，用第一关节的凹处贴着侧边进行打磨。但是，如果你使用的是白线或浅色的线（书中用的白线），就要注意打磨时不要让线沾染上边缘处理剂。也可以用硬质的牛骨棒来打磨侧边，效率更高。由于此项作业可以提升完成度，因此让我们反复进行打磨，直到侧边变得完美。

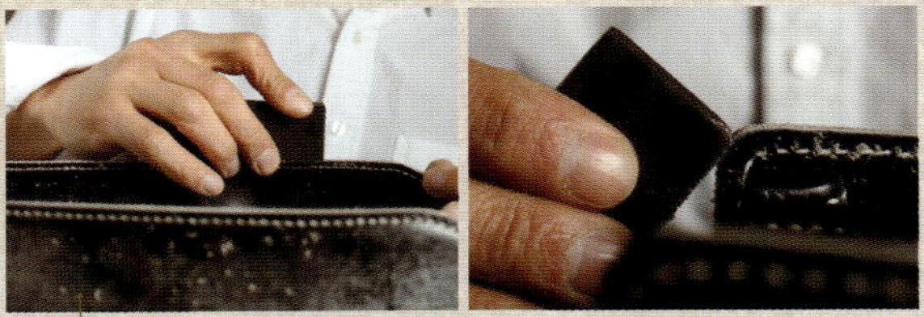

07 用砂纸将整个包身的侧边打磨光滑。

08 用指腹触摸，用指尖轻抠，确认侧边的黏合状态。

09 涂上染料。

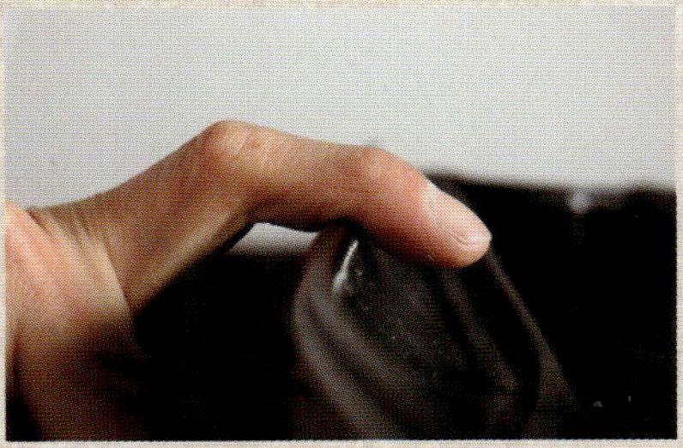

打磨圆弧状的侧边时，可以利用手指第一关节的凹处进行打磨。以图片中手指的状态，拿着布进行打磨。

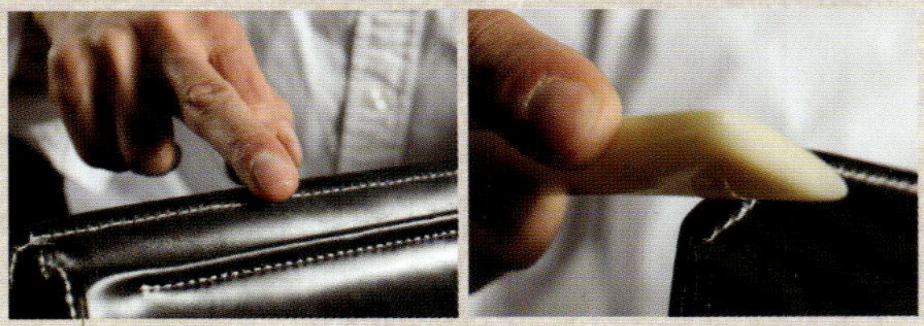

10 涂上边缘处理剂（赤菜），用布或牛骨棒进行打磨。

侧边全部打磨完成后，用装饰边线器画出装饰线，涂上蜂蜡。然后，用加热后的装饰边线器擦过上了蜂蜡的侧边，以使蜂蜡渗透进侧边皮革中。这样，侧边看起来才更有光泽。最后，用干净的布再擦一遍，整个打磨作业就完成了。

剩下的工作就只是安装口金框了。马上进入最后一项作业，大功即将告成。

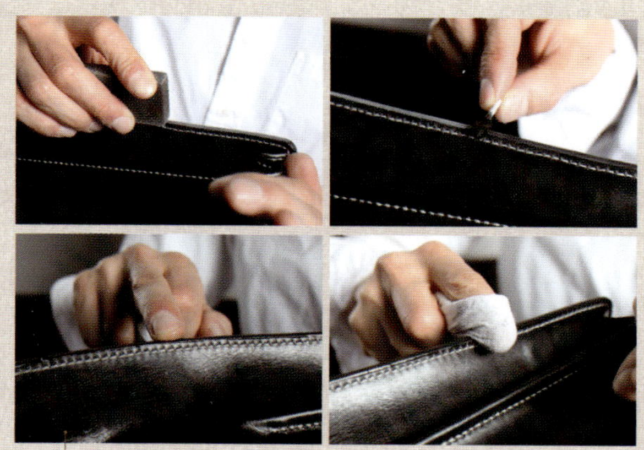

11 反复打磨侧边。

12 用装饰边线器画出装饰线。

13 涂上蜂蜡，用加热后的装饰边线器擦过，使侧边更有光泽。

Combining frame with panel

安装口金框至包身

终于要进行收尾的大工程了。将口金框安装在包身的开口处，整个医生包的制作就完成了。画龙点睛，最后的点睛之笔尤为重要。让我们细心地安装好口金框吧！

首先进行的是黏合作业。注意以中点为记号，将口金框与包身对齐黏合。注意，包侧裆部上也要做对齐用的记号。根据这些要点，将两者协调地组合起来，并进行缝合。其次，在缝合口金框和袋口的时候，记着安装上舌扣和拉手部件。最后，把提手、底板、钥匙套等部件全部安装上就完成了。

冲刺吧！加油！

黏合包身与口金框

在包身袋口和口金框的缝份上涂上橡胶糊，暂时黏合固定。注意，黏合前要先确认口金框和包身上的对齐记号。

根据纸型，在包身和口金框上做出中点记号。对齐中点记号，试着嵌入口金框，看看是否能很协调地组合在一起。此外，对于包身侧面来说，将口金框的缝份起止处的斜切面对齐包侧裆部上边半圆形的两端。

确认好对齐记号和组合方式后，先刮粗需要黏合的范围，再涂上橡胶糊。

对齐包身和口金框的中点记号，以及口金框缝份的斜切面和包侧裆部上边半圆形的两端。

刮粗口金框的缝份时，要注意刮粗范围。虽然这里是刮粗侧边保留的缝份表面，但是如果刮得太靠内侧，缝合后就会从缝隙间看到刮粗的痕迹。因此，缝份的内侧需要保留 2~3mm 宽的范围不刮粗。请务必谨慎地进行作业，要是伤及了口金框本身就前功尽弃了。

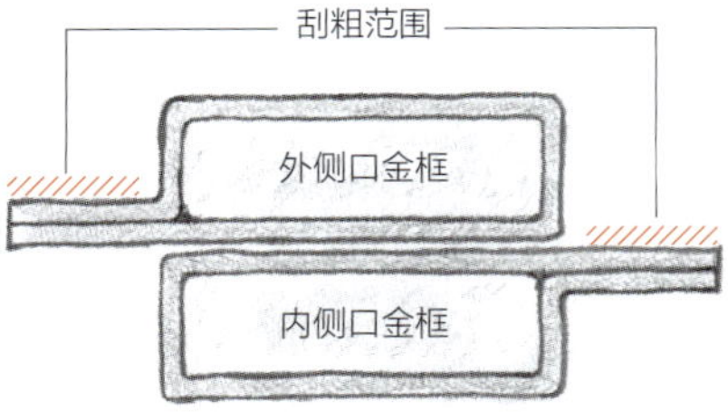

01 刮粗内外口金框缝份的表面。

02 口金框缝份内侧保留 2~3mm 宽的范围不刮粗。

03 在口金框刮粗范围内涂抹橡胶糊。

黏合范围刮粗后，涂上橡胶糊。注意，外侧口金框提手座之间的范围不要涂抹橡胶糊，这里之后会用木工用白胶来黏合舌扣。

04 外侧口金框提手座之间的范围不要涂抹橡胶糊。

刮粗包身袋口内侧边缘 10mm 左右宽的范围，涂上橡胶糊。注意，此时如果包身袋口闭合的话，袋口与裆部的连接处便会黏合在一起。因此，要先贴上硬纸板，避免连接处黏在一起。

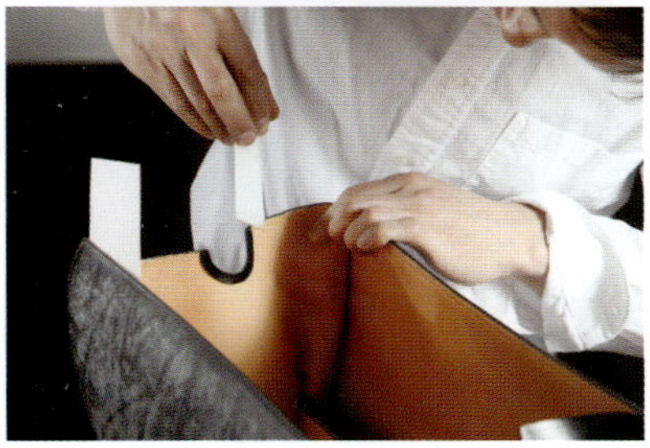

05
刮粗包身袋口内侧边缘 10mm 左右宽的范围，涂上橡胶糊。

现在开始黏合外侧口金框和后包身吧。对齐刚才画出的中点记号，调整左右的平衡，将外侧口金框的缝份黏合在后包身袋口的内侧。然后转到包侧身，对齐口金框缝份的端点和包侧裆部上边半圆形的端部，然后黏合。包侧裆部与包身的接缝处要紧贴着口金框的弯曲部分黏合，不要留下间隙。两侧的裆部以同样的方式黏合。

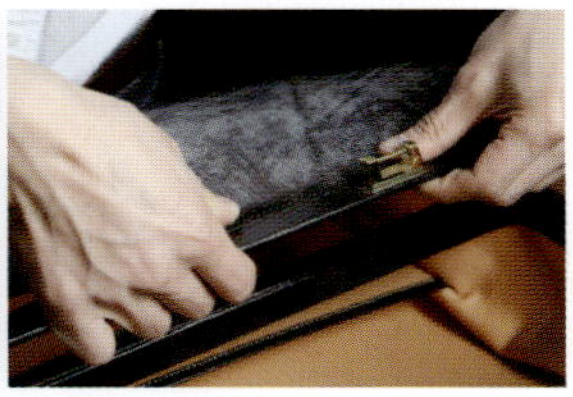

06 对齐中点记号，黏合后包身与外侧口金框。

07
转到包侧身，对齐口金框和包侧裆部的记号并黏合。

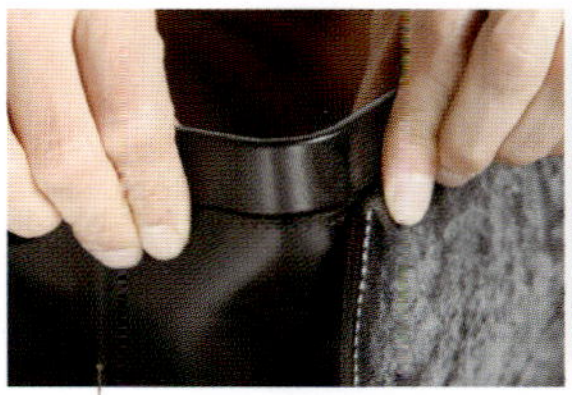
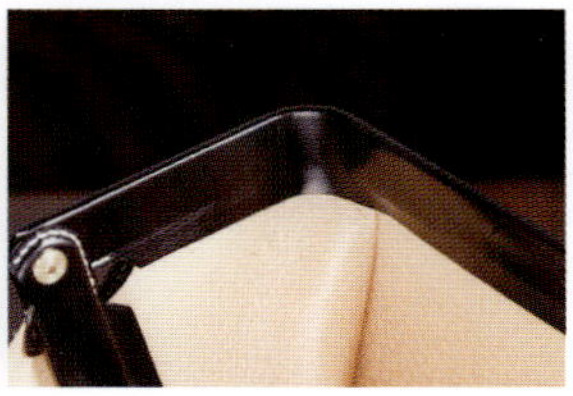

08 口金框的弯曲部分也要确实黏合，避免产生褶皱和间隙。

以同样的方式黏合内侧口金和前包身吧。对齐中点记号，将内侧口金框的缝份黏合在前包身袋口的内侧。口金框的缝份的端点和包侧裆部上边半圆形的端部对齐黏合。口金框的弯曲部分也要确实黏合，避免产生褶皱和间隙。最后，确认内外侧是否协调，左右是否对称。

09

以同样的方式黏合内侧口金和前包身吧。

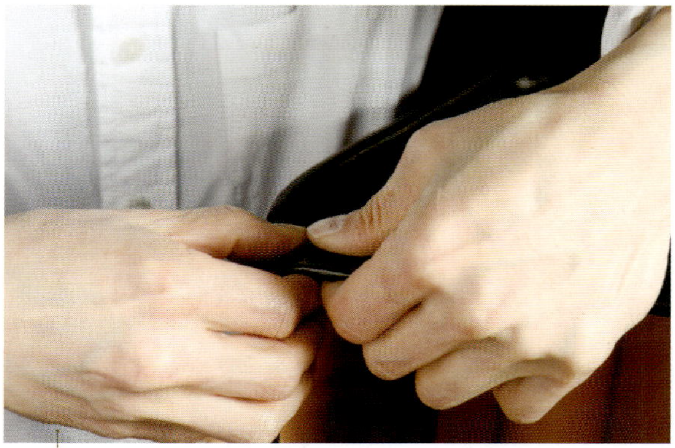

10 黏合口金框的弯曲部分，避免产生褶皱和间隙。

11

将拉手贴在前包身的上边中央，对齐拉手和包身上的线孔。在拉手两侧的包身上画出重叠范围的记号。

下面就来缝合之前我们准备好的包身拉手部件。有没有人把这个小玩意儿弄丢了呢？首先我们把拉手黏合到前包身的中央。

在拉手的双直角边上做出中点记号，然后对准包身的中点记号贴好。注意对齐线孔。决定好位置后，在拉手两侧的包身上做出重叠范围的记号。取下拉手，刮粗前包身和拉手背面重叠范围内的边缘 3mm 宽的范围，涂抹上橡胶糊。然后对齐黏合。

到这里，黏合作业已基本完成，开始准备缝合工具吧！缝合整个包身一圈需要超过 1.7 米的缝线，所以要分为数次进行缝合，并且要决定好从哪里进行接线。

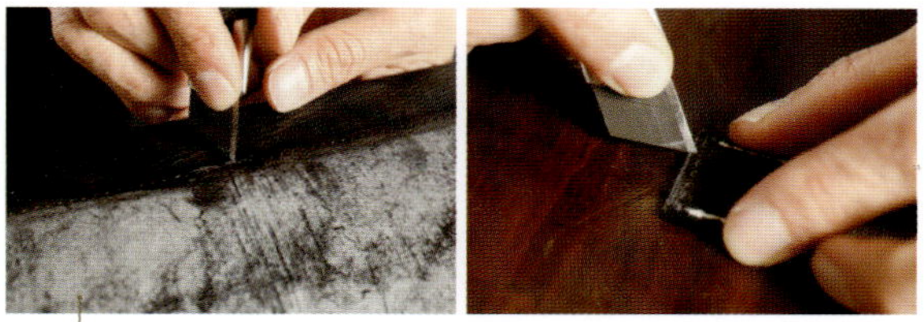

12 刮粗前包身和拉手背面重叠范围内的边缘 3mm 宽的范围。

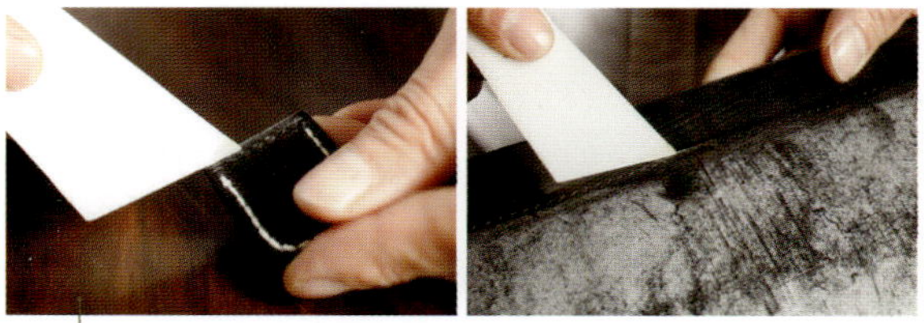

13 在刮粗范围内涂抹上橡胶糊。

14 将拉手黏合到钱包身上。

缝合&打磨侧边

让我们把包身开口处缝合起来把！首先，确认舌扣的安装位置。舌扣是安装在后包身中央没有涂抹橡胶糊的位置。舌扣需要在口金闭合的状态下，调整长度后黏合，以使其能扣入锁头当中。但现在口金框处于暂时黏合的状态，若是直接闭合口金，橡胶糊的黏着力会支撑不住，最终会导致口金框脱落。因此，我们要先缝合舌扣以外的地方，再闭合口金，安装舌扣。

这里我们从舌扣安装位置的左边（下图中手指指的位置）开始缝合，缝合一周，到舌扣安装位置的

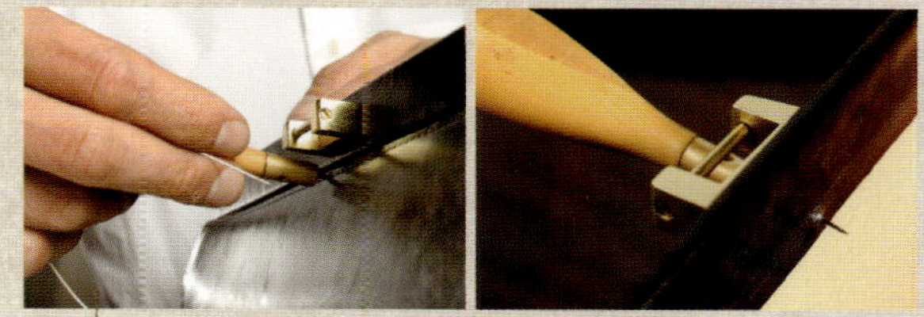

01 用菱锥从包身线孔穿过，贯穿口金框的缝份。

02 缝合包身与口金框。

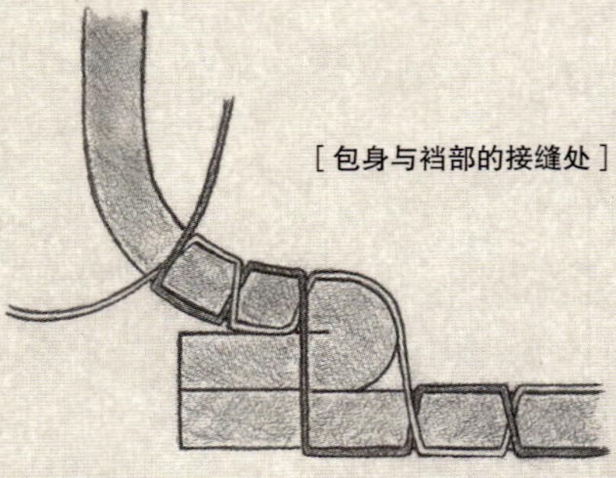
［包身与裆部的接缝处］

右边为止。

用菱锥从包身线孔穿过，贯穿口金框的缝份。一边用菱锥贯穿，一边缝合。注意，贯穿时如果不是垂直戳入，口金框缝份的线孔就会偏离。如果你想提前贯穿好线孔再缝合，而不想边贯穿边缝合，也请一次少贯穿几个线孔后再缝合。如果所有的线孔都全部贯穿好后再缝合，那么缝合时发现皮革有错位，就无法挽回了。

最先遇到的难点是包身与裆部的接缝处的缝合问题。由于此部分是按照口金框的弯曲黏合的，所以缝合的方式会有点复杂。请参照本页右上角“包身与裆部的接缝处”缝合示意图。

缝到包身上边角部的位置后，内外各缝一针，勒紧接缝处裆部的折叠处。内侧的针穿向外侧时只穿过裆部线孔，不穿过包身的线孔，从折叠处间的缝隙中穿出。步骤03的图片即是这个动作的瞬间。由于折叠处缝隙间的线孔不能看到，因此穿针时可能会有些困难。这时可以用针试着摸索，根据触感来找到位置。

然后开始缝合包侧裆部的上边。缝到口金框缝份的端部后，沿着半圆形部分继续缝合。半圆形部分的内部贴有补强革，这时要一起缝合。

继续缝合包侧裆部的上边到另一侧的接缝处。缝合的方式相同，但是穿针的顺序是颠倒的。外侧的针从折叠处间隙间的线孔穿进去，内侧的针则穿过折叠处和包身，从包身上边的角部穿出来。步骤

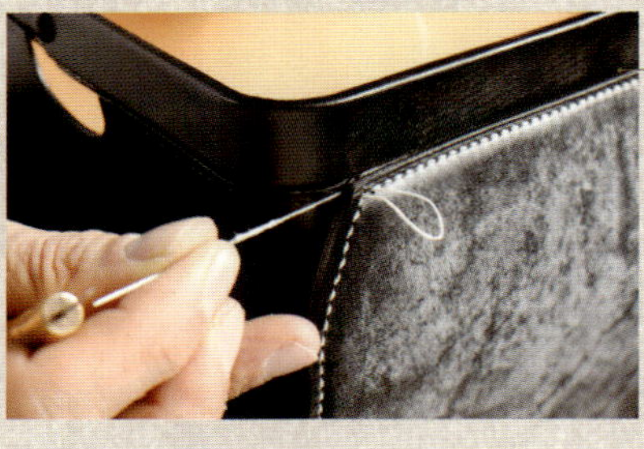
03 包身与裆部的接缝处按照图片中的方式缝合。

04 缝到口金框缝份的端部后，沿着半圆形部分继续缝合。

05 另一侧的接缝处缝合的方式相同，但是穿针的顺序是颠倒的。

06 拉手的两端进行双重缝以做补强。

07 缝合到另一侧的提手座附近后暂时停止缝合。

05的图片即是这个动作。

缝合前包身。缝到拉手时，对拉手的两端进行双重缝以做补强。再次缝合包侧裆部，缝合到另一侧的提手座附近后暂时停止缝合。

在只留下安装舌扣的部分未缝合的状态下，闭合袋口口金。让我们缓缓地闭合口金，将裆部的褶子理顺，使其形状变得漂亮。若是使用较硬的皮革，纤维错乱等性质就会被褶子呈现出来，使皮革难以弯曲。若是使用柔软的皮革，则能轻轻松松整理出漂亮的褶子和形状。请耐心地进行这项工作吧，试着将整个口金完全闭合。

包侧裆部的褶子整理好后，将舌扣尾部插入包身与口金框之间的安装位置。然后在插入状态下，扣住锁扣，调整舌扣的长度和插入深度，调整到舌扣不会感到松弛的程度。如果在松弛的状态下缝合舌扣，那么口金就不能确实地闭合紧。皮革在使用过程中也会慢慢地被拉长，因此，这时将舌扣调整到有点紧的程度也没关系。同时，也要确认舌扣是否有对齐包身。此外，由于皮革是具有弹性的，在扣住锁扣的同时，还要压住夹住舌扣尾部的安装位置，这需要相当大的力气。如果压得不紧，可能会变得松弛，因此请用力压住夹住舌扣尾部的安装位置吧！

确定好固定位置后，沿着包身上侧的边缘，用圆锥在舌扣表面画出记号，以便之后缝合。

08 只留下安装舌扣的部分不缝合，闭合口金。

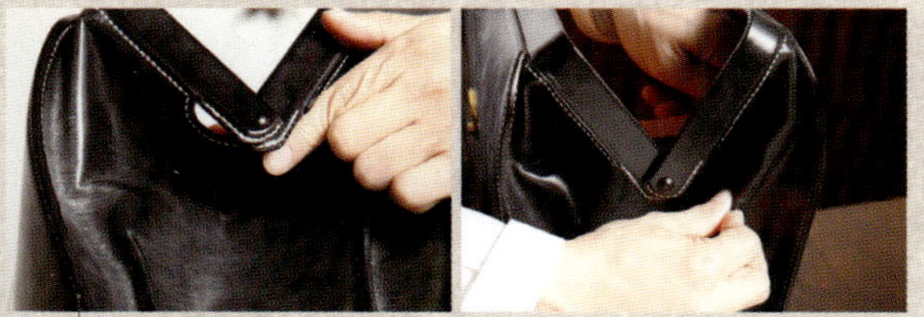

09 一边闭合口金，一边整理包侧裆部的褶子。

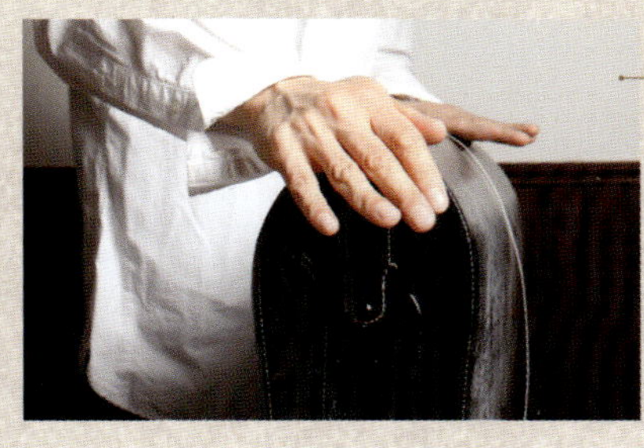

10 口金完全闭合的状态。

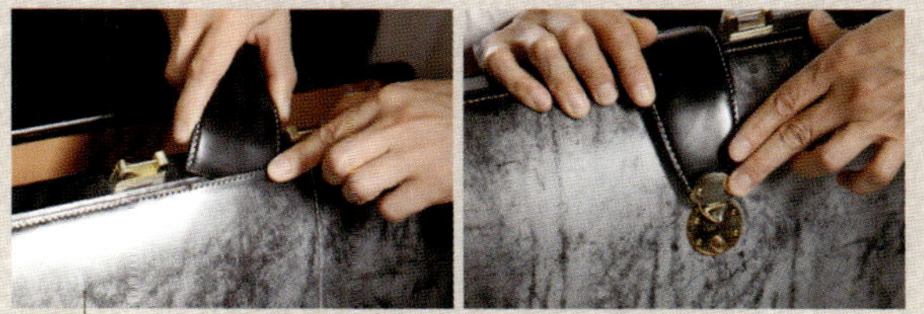

11 将舌扣尾部插入未缝合的部分中，并扣住锁扣。

12 闭合口金，调整舌扣的长度和插入深度，以免舌扣松弛。确定位置后，在舌扣上做记号，以便之后缝合。

记号线画好后，便可取下舌扣，然后根据纸型画出中点记号。

记号线到舌扣尾部的范围是黏合范围，用美工刀进行刮粗。这里不使用橡胶糊，而使用木工用白胶。因为涂抹橡胶糊后不能滑动，舌扣无法顺利插进安装位置中，因此，一定要使用木工用白胶。

涂上木工用白胶后，将舌扣尾部插入包身与口金框间。将舌扣和包身上的中点记号对齐，将尾部的记号线和包身的上边对齐。慎重起见，用眼睛仔细观察，确认舌扣的安装位置。

将舌扣尾部插入后，多余的白胶会被挤出来，这时需要在其硬化前用纸巾擦掉，并注意不要让白胶沾到皮革表面。

待白胶硬化、舌扣不再晃动时，用菱锥将线孔贯穿。因为此部分的皮革叠加得非常厚，贯穿线孔时很容易歪掉，所以最好在插入舌扣前就贯穿线孔。插入舌扣后将已经贯穿的线孔作为目标，用菱锥再次贯穿。

用菱锥贯穿包身、舌扣和口金框缝份的线孔，进行缝合。

13 根据纸型，在舌扣记号线上画出中点记号。

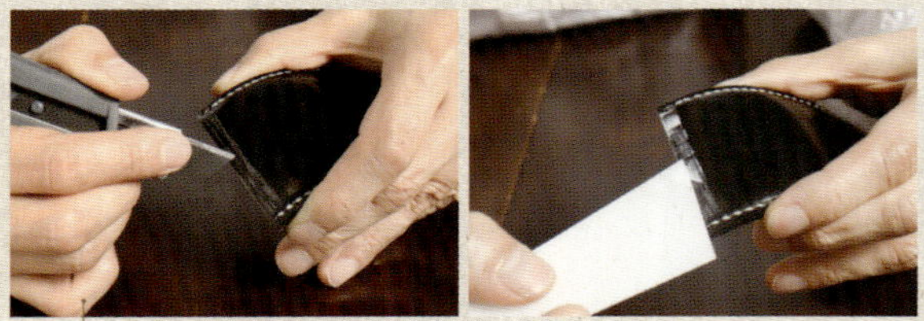

14 刮粗记号线的外侧，涂上木工用白胶。

15 对齐中点记号，将舌扣尾部插入包身与口金框间。

16 用纸巾擦掉溢出来的白胶。

17

用菱锥从包身的线孔贯穿舌扣与口金框的缝份，并缝合。

接下来开始缝合吧！舌扣的两端需要同拉手一样进行双重缝以做补强。由于此处皮革叠加得很厚，因此要确实拉紧缝线。缝到起针处后，回缝进行收尾。

18 对舌扣的两端进行双重缝以做补强。

19 缝到起针处后，回缝进行收尾。

安装提手和钥匙套

接下来进行最后的作业，安装提手和钥匙套。先拧开提手座的螺丝，安装上提手后，将螺丝穿过提手，用一字螺丝刀拧紧。如果在螺丝头的螺纹上涂上螺丝固定剂（可在五金行购买），可以防止提手脱落。可以根据自己的喜好选择使用。如果使用螺丝固定剂，则在涂抹时在下方铺上布，以免滴到包身上。

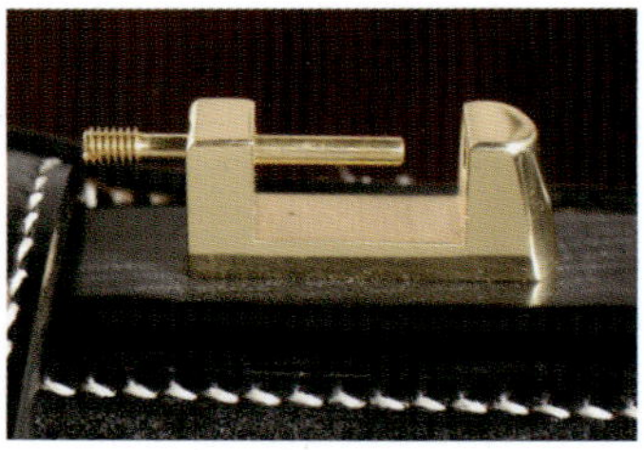

准备好之前已经制作完成的底板和钥匙套。将底板铺在包内的底部，将钥匙套绑在提手上。完成后，仔细检查，确认是否有遗漏的地方。

恭喜你！一个完美的医生包制作完成！

01 将螺丝穿过提手，用一字螺丝刀拧紧。在螺丝头的螺纹上涂上螺丝固定剂，防止提手脱落。

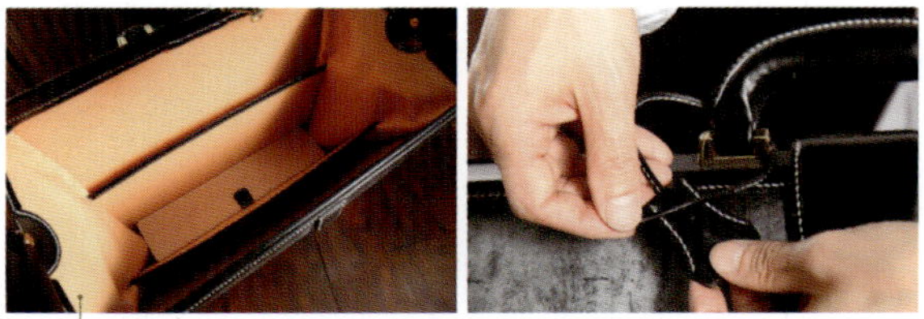

02 将底板铺在包内的底部，将钥匙套绑在提手上。

虽然制作的过程长路漫漫，但我坚持不懈地走了下来。品味现在所拥有的成就感，之前的辛苦也总算得到了回报。

现在，就让我们开始使用它吧！装上满满的物品，出发！

什么时候开始制作第二个呢？

Yoshiyasu Kameda

Chapter 5 Basic Techniques

基础技术解说

本章将对本书中反复出现的各项基础作业的技术进行详细的解说。解说并不仅是为了顺利完成，而且是为了把作品制作得更漂亮。通过使各位了解工具和素材的相关概念，掌握相关技巧，提升作品的完成度。同时，本章也介绍了龟田老师制作医生包的心得，这对于已经掌握了一定知识和技术的读者来说也值得一读。

裁切

▶使用工具进行高精度裁切

对于所有的部件来说，首先要做的就是裁切皮革。根据纸型，用圆锥在皮革上画出轮廓。沿着轮廓线裁切出皮革部件。如果在裁切时尺寸有误差，那么组合部件时便会出现偏差，无法组合或变形。熟练地使用裁切工具，可以进行高效率、高精度的裁切。

▶基本裁切方式

如本页右上方图片般握住裁皮刀，用拇指保持稳定，向自己跟前拉动裁皮刀，以裁切皮革。此外，由于裁皮刀的刀刃是有角度的，因此裁切时要向右倾斜（惯用右手的情况），这样可以裁切出平直的切口。裁切直线时，可以用直尺辅助。如图片中那样，左手压住直尺，用裁皮刀或美工刀流畅地进行裁切。注意，用力过度可能会导致歪斜，用自然的力道进行裁切即可。若是皮革太厚，难以裁切，则分数次裁切。美工刀的刀刃也有些许角度，使用时也要稍微倾斜。此外，裁切很长的直线时，不要一次性裁切，而要用直尺辅助，以左手的长度为准，分多次进行裁切。

曲线则不用直尺辅助，直接裁切，但需要慎重地进行作业。使用美工刀时，用拇指和食指捏住，便可进行高精度的裁切。

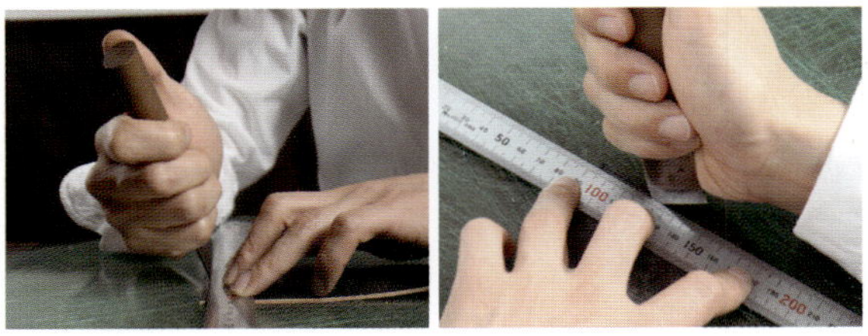

如上图般握住裁皮刀，向自己跟前拉动裁皮刀，以裁切皮革。直线用直尺辅助裁切。不要用力过度，以免直线歪斜。

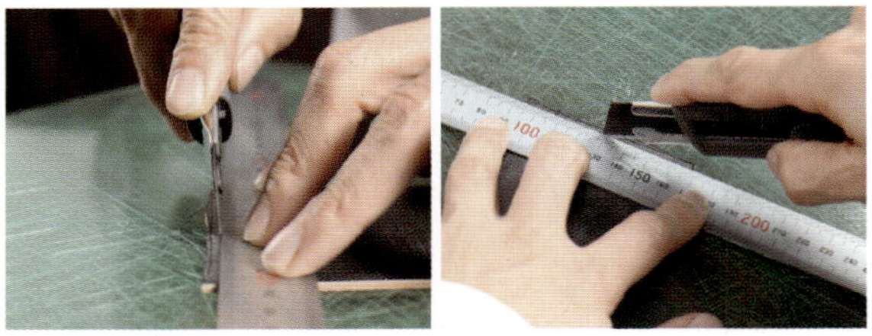

美工刀的用法和裁皮刀基本相同。美工刀的刀刃也有些许角度，使用时也要稍微倾斜。

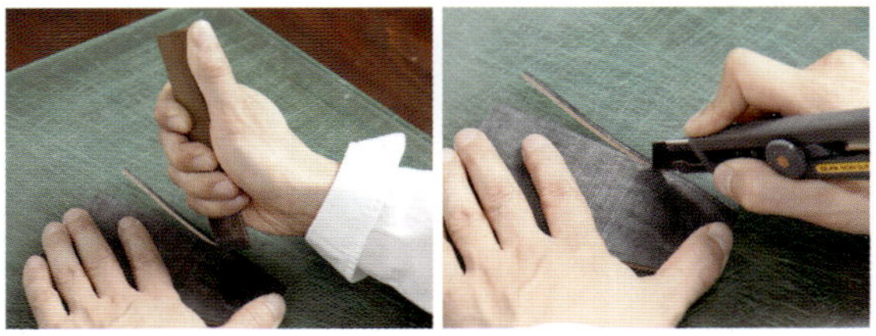

曲线则不用直尺辅助，直接裁切。

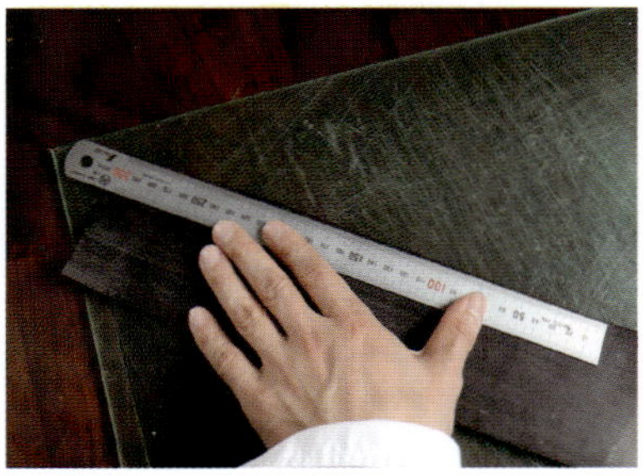

裁切很长的直线时，用左手压住直尺，并以左手的长度为单位，分多次进行裁切。一次性裁切可能会使直尺偏离。

▶裁皮刀的保养

裁皮刀的刀刃一定要保持在可以轻松裁切皮革的状态。美工刀更换刃尖即可，而裁皮刀则需要通过保养，才能保持锋利。特别是削薄等精细作业，刀刃的锋利度决定了作业的完成度。为了提高作品的完成度，平时一定要学习裁皮刀的保养方法，并多加保养。

涂抹橡胶糊

▶上胶片的用法

涂抹橡胶糊时需要用上胶片将橡胶糊涂抹开。用上胶片往自己跟前拉动，将橡胶糊涂得越薄越好。立起上胶片可以涂得较薄，倾斜压低上胶片可以涂得较厚。涂抹时，先保持立起的状态，然后一边涂抹，一边随着橡胶糊越来越少，慢慢压低上胶片，这样便可涂抹出均等的厚度。即使涂抹未涂抹橡胶糊的部分，也会使重合的部分变厚，所以涂抹完一次后要重新再涂抹一次。这样不仅可以涂抹到未涂抹的部分，也可以避免涂得太厚（第二次涂抹时橡胶糊已经有些干燥了）。此外，涂抹时，上胶片停在哪里，哪里堆积的橡胶糊就会厚，因此，只要向外侧拉动就可以刮掉多余的橡胶糊。

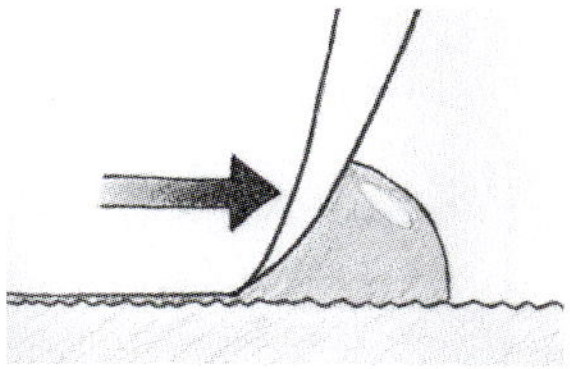
用适当的力度拉动上胶片，涂上薄薄的一层橡胶糊。

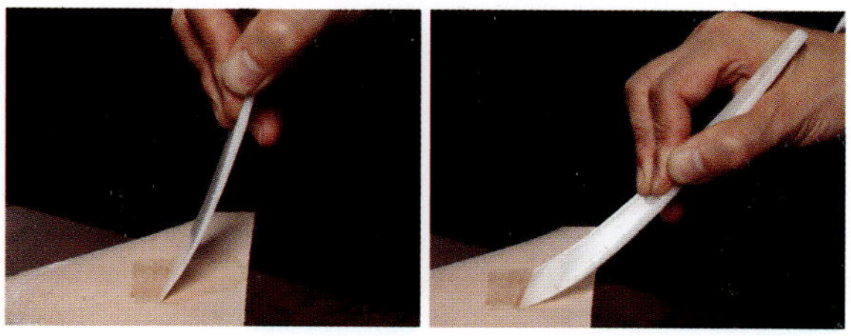
立起上胶片可以涂得较薄，倾斜压低上胶片可以涂得较厚。这样便可以根据需要来控制橡胶糊的厚度了。

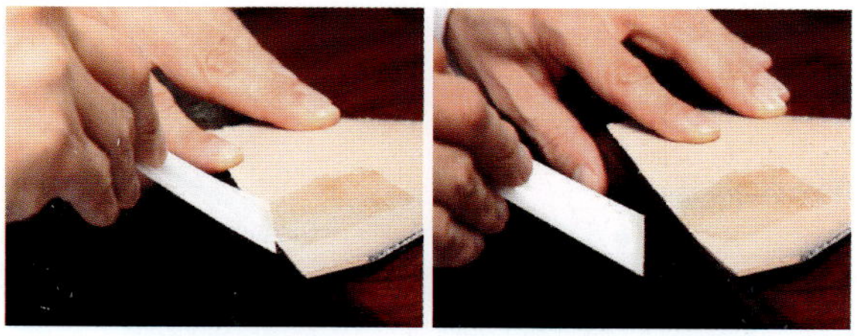
在作业台的边缘放置皮革，向外侧拉动上胶片涂抹。若上胶片中途停止，则那个位置就会堆积橡胶糊。

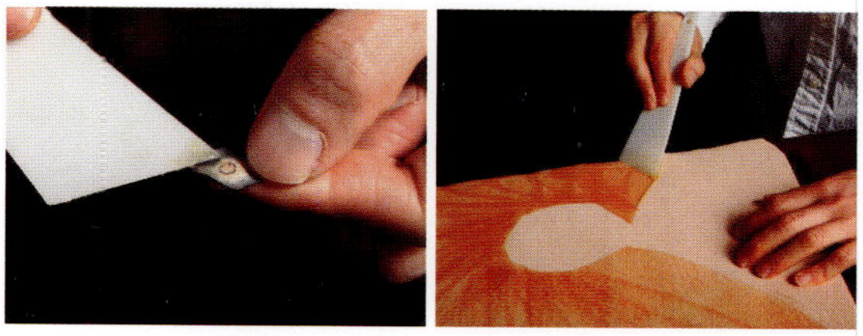
设想并练习小配件和大面积部件的涂抹方式，制作医生包时便能更有效地利用。

▶了解橡胶糊的特性

橡胶糊一半渗透进皮革，一半留在表面的状态最能发挥出黏合的效果。在皮面层涂抹橡胶糊时，由于橡胶糊难以渗透，因此要事先用美工刀刀背刮粗表面，以促进渗透。此外，橡胶糊和一般的白胶等黏合剂不同，是在半干燥状态下黏合的，所以要像胶带般涂抹在正确的位置。同时也必须注意，使用橡胶糊时，一旦黏合，就不能再进行修正了。橡胶糊的这种特性，有时会造成制作时的困难。如P158舌扣尾部的安装，若不是使用了硬化前仍可移动的白胶，就难以进行作业。

橡胶糊的状态也会影响黏着力。若将其稀释到如水一般，虽然容易涂薄，但黏着力会下降。相反，浓稠的状态虽然难以涂薄，但是黏着力会非常强。橡胶糊随着保存的时间会发生汽化，变得越来越浓稠。这时，可以加入专用的溶剂来调整浓稠程度。此外，也可以练习不同状态橡胶糊的多种涂抹方式。

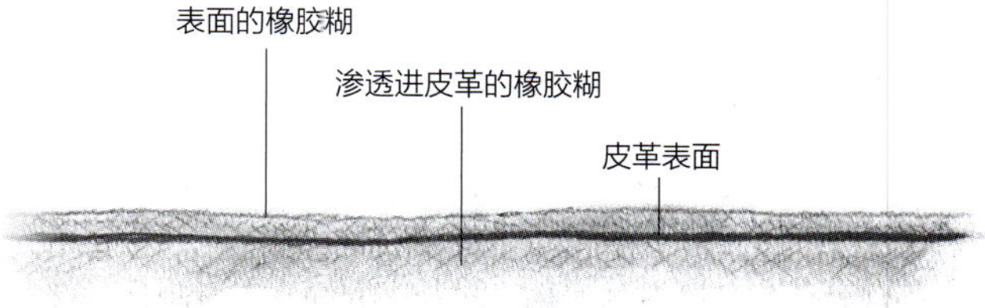

一半渗透进皮革，一半留在表面的状态是最理想的。

画线

▶边线器的使用方法

缝合前要先在皮革的边缘画上等宽的记号线（缝合线），作为打线孔的基准线。本书在制作医生包时，一般使用边线器来进行画线。

常见的边线器是可调式边线器，旋转侧边的螺丝，可以调整边线器的宽度。画线时，一边的尖端贴着皮革的侧边，一边的尖端即可在皮革上画出线条。用适当的力度画出勉强能看到的线即可，尽量不要在皮革上留下明显的痕迹。

边线器预先设置的宽度即缝份的宽度，而事实上，就算将边线器尖端抵在直尺上进行设置，画出的线仍然会存在误差。因此，本书推荐以下面的方式画线。①用直尺辅助，在皮革边缘想画出宽度的位置做记号。②将边线器的一边尖端紧贴着皮革侧边，另一边调整到与记号同宽。③直接画出缝合线。以这种方式可以有效地画出没有误差的缝合线。

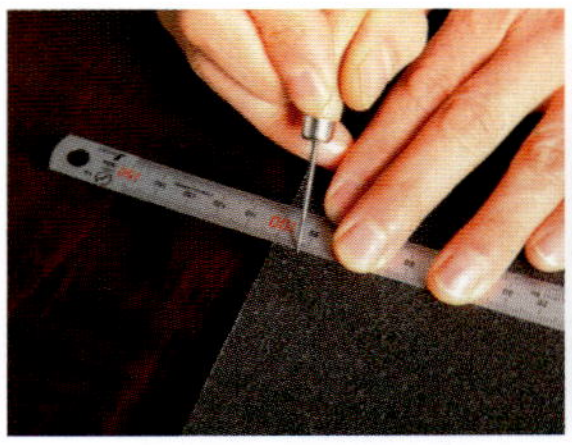

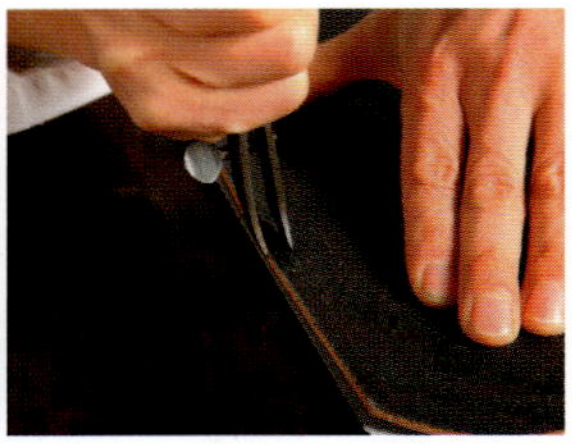

将直尺放在皮革上，在皮革边缘想画出宽度的位置做记号（用圆锥压出凹陷痕迹即可）。将边线器调整为与记号同宽，便可画出正确的缝合线。

菱斩打孔

▶正确使用菱斩，打出漂亮的线孔

在皮革工艺中，菱斩是打出菱形线孔的主要工具。但在制作皮包时却需要注意，皮包常常会用到很厚的皮革，若使用菱斩打孔，打出的线孔会过大。为避免这个问题，流行的做法是先用菱斩在皮革表面轻轻打出菱形的凹陷，然后用菱锥贯穿线孔。本书中线孔均是使用这种方法打出的。先用菱斩轻轻打出凹陷，然后一边用菱锥贯穿，一边缝合。此外，如果是特别薄的皮革，则更应该轻轻地打孔。

打孔时，将菱斩垂直立起，用木锤进行敲打即可。直线可使用齿脚多的菱斩，角部或弧线部分则使用2齿菱斩。2齿菱斩容易打深，所以一定要轻轻地打。

直线使用齿脚多的菱斩，可打出整齐排列的线孔。角部或弧线部分使用2齿菱斩打孔，但注意敲打的力度。

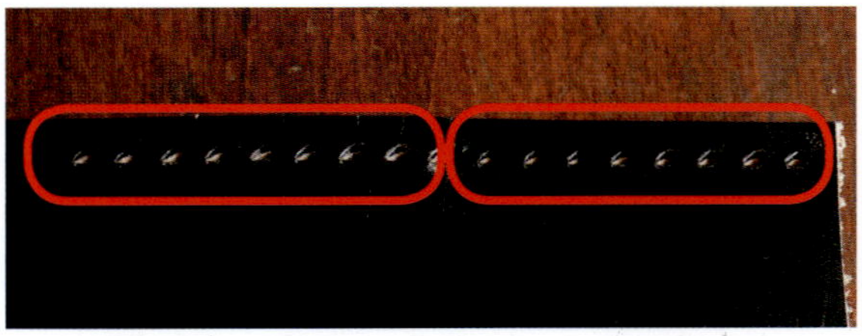

上图左边是用力敲打菱斩贯穿皮革的线孔，右边是用适当力度打出的线孔。前者因为线孔过大，孔周围的皮革变得扭曲了。

▶菱锥的使用方法

本书在制作时，右手需要同时拿着针和菱锥，一边贯穿皮革，一边缝合。对于职业匠人来说，这是很有效率的缝合方式。但对于没有经过练习的新手而言，如果贯穿时菱锥戳歪了，线孔也会歪斜。因此，新手可以在缝合前谨慎地贯穿所有线孔，再进行缝合。

将皮革放在软木板上，垂直拿着菱锥贯穿线孔。如下图一般，用手握住整个菱锥把，用拇指稳定锥身，即可贯穿线孔。此外，贯穿线孔时，如果旋转菱锥，则会改变菱形孔的角度，所以要保证菱锥的角度和原来的菱形凹陷的角度相同。如果部件面积较大，不能放在平台上，则一定要随时注意使菱锥保持垂直状态，并保证菱锥的角度和线孔的角度相同。

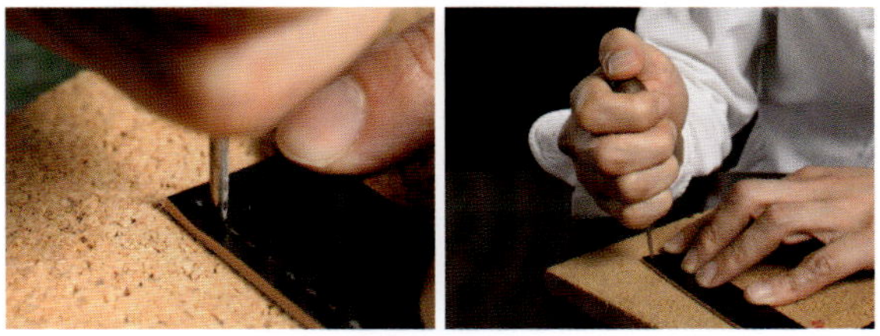

使菱锥保持垂直状态，对齐菱形凹陷的角度，贯穿线孔。

▶菱斩的使用方法

这里介绍一下用菱斩在缝合线上打线孔的常用打孔方法。有时也有例外。

从皮革一端开始打孔时，将菱斩的最外侧的齿脚贴在皮革的端部，用第二个齿脚在第一个线孔的位置处做记号。然后，将菱斩最外侧的齿脚对准记号，打出第一组线孔。继续打孔时，将最外侧的齿脚对准前一个线孔进行打孔。这样，打出线孔的间距便会相同。

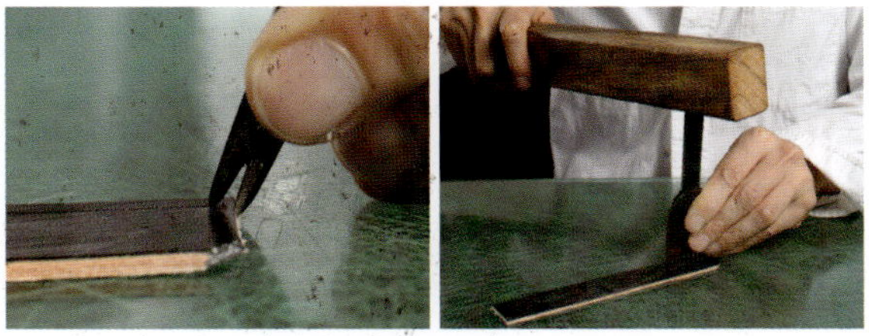

齿脚紧贴端部，在第一个线孔的位置处做记号。第一组线孔从记号开始。

继续打孔时，将最外侧的齿脚对准前一个线孔，保持相同的间隔。

▶角或端点处的打孔方法

打孔过程中会遇到有角的部分（或缝线记号停止的部分），为了能在角的顶点（或线的端点）打出线孔，要在距离此点多组线孔前就开始调整间隔。最外侧的齿脚仍对准前一个线孔，但将后面的线孔进行适当调整。在不打出过大间距的线孔的前提下，故意错开。反复这个动作，使线孔最终能落在顶点或端点上。若是使用 2 齿菱斩，那么会有相当大的空间来调整间距。转角过后，往下一条边继续打孔时，同一顶点二次打孔，顶点会因两个菱形线孔的重叠，呈现出“十”字形。

包身的下角等呈现圆弧状的部分，线孔要尽量排列为圆弧状。在角部缝线记号内设想成形后圆弧状的缝合线，然后在设想的圆弧状缝合线上打入线孔。如果打入 3 个线孔，则调整为左右两个线孔和中央线孔左右对称的状态。

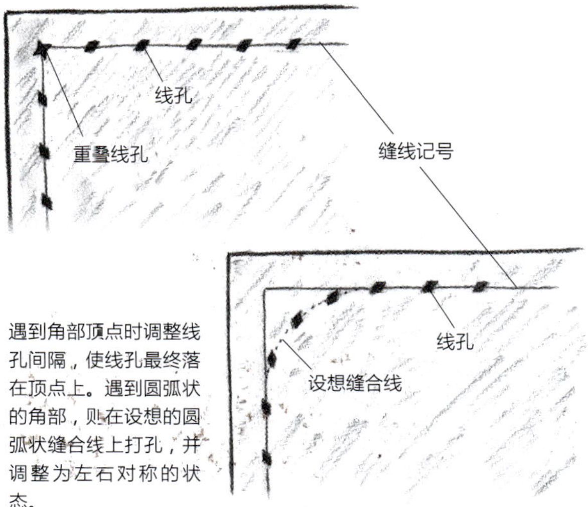

遇到角部顶点时调整线孔间隔，使线孔最终落在顶点上。遇到圆弧状的角部，则在设想的圆弧状缝合线上打孔，并调整为左右对称的状态。

缝合

▶ **擦蜡线**

皮革工艺中使用的手缝线有麻线、化学纤维线等种类，但不论是哪种线，都必须先进行“擦蜡”。擦蜡具有涂层的作用，不仅可以防止缝线黏着污垢，也能减小缝线穿过线孔时的摩擦。将缝线压在专用的线蜡上，拉动缝线即可完成擦蜡作业。将手缝线反复擦蜡，直到摸起来有些黏黏的感觉就可以了。现在，市面上也有销售已擦过蜡的缝线。使用这种缝线便无须进行擦蜡作业了。

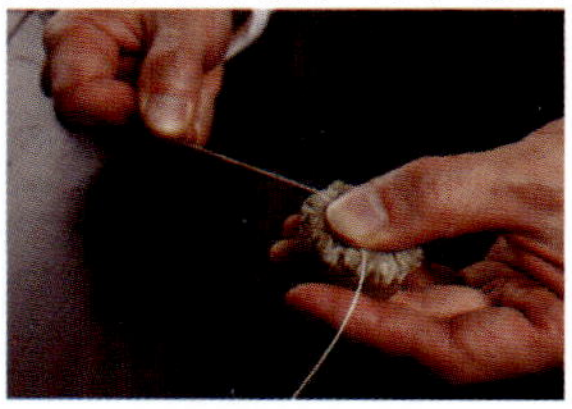

将缝线压在专用的线蜡上，拉动缝线即可给线涂上线蜡。

▶ **“一庹”长的缝线**

缝线的长度一般为缝线记号总长的 4 倍多，这是最基本的需求量。如果皮革叠加得很厚，那么还需要再加长。注意，不要超过两臂张开的长度。这是为了防止拉紧缝线时，手上的污垢沾染到针以外的缝线上，也是为了避免缝线的穿过次数增加，导致缝线磨损。

“庹”是中国古代大概计算长度的单位，以成人两臂左右伸直的长度为准，一庹相当于 5 尺，约合 1.7 米。

若一庹的长度不够缝合，则分成数次进行缝合。接缝处的处理方法后面会进行讲解。

▶ **平缝法（使用菱锥）**

在皮革工艺中，最常用的缝合方式是在缝线的两端穿上针，从起针处的线孔开始，交互穿针缝合的平缝法。另外，像之前所说的那样，职业匠人一般都是右手拿着针和菱锥，一边贯穿线孔，一边缝合。顺便说一下，即便是提前用菱锥贯穿线孔，但经过一段时间，线孔也会由于皮革弹性被堵塞起来。因此，在缝合前使用菱锥贯穿线孔，缝合作业会较为顺利。

拉紧缝线时，需要用力才能固定。但是，若是缝合较柔软的皮革，拉紧会导致皮革变形。因此，要根据具体情况适当地用力拉紧。

此外，本书医生包的制作还存在两面打孔并用菱锥贯通的打孔方式。但是用菱锥贯穿至皮革内层深处时，内层的孔会呈“X”形，此为表里线孔的角度不同所致。为了解决这个问题，可以用菱锥的刃尖在线孔内挖出一个小洞，或者改用圆锥进行贯穿。

▶ **双重缝以做补强**

部件的交界处的缝线所承受的力一般比较大，因此这些地方经常会进行双重缝，以做补强。用其中一边的线重复缝合相同的部分即可。

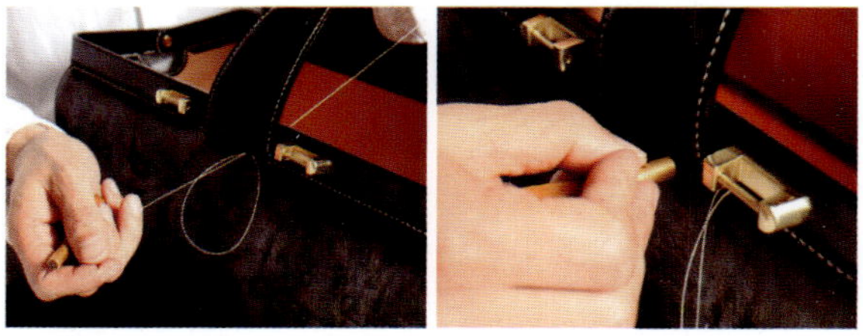

一边用菱锥贯穿线孔，一边以平缝法缝合皮革。这样容易穿过针，缝线也会减少因摩擦导致的磨损。

缝合的起止处以及部件交界处，要进行双重缝，以做补强。用其中一边的线重复缝合相同的部分即可。

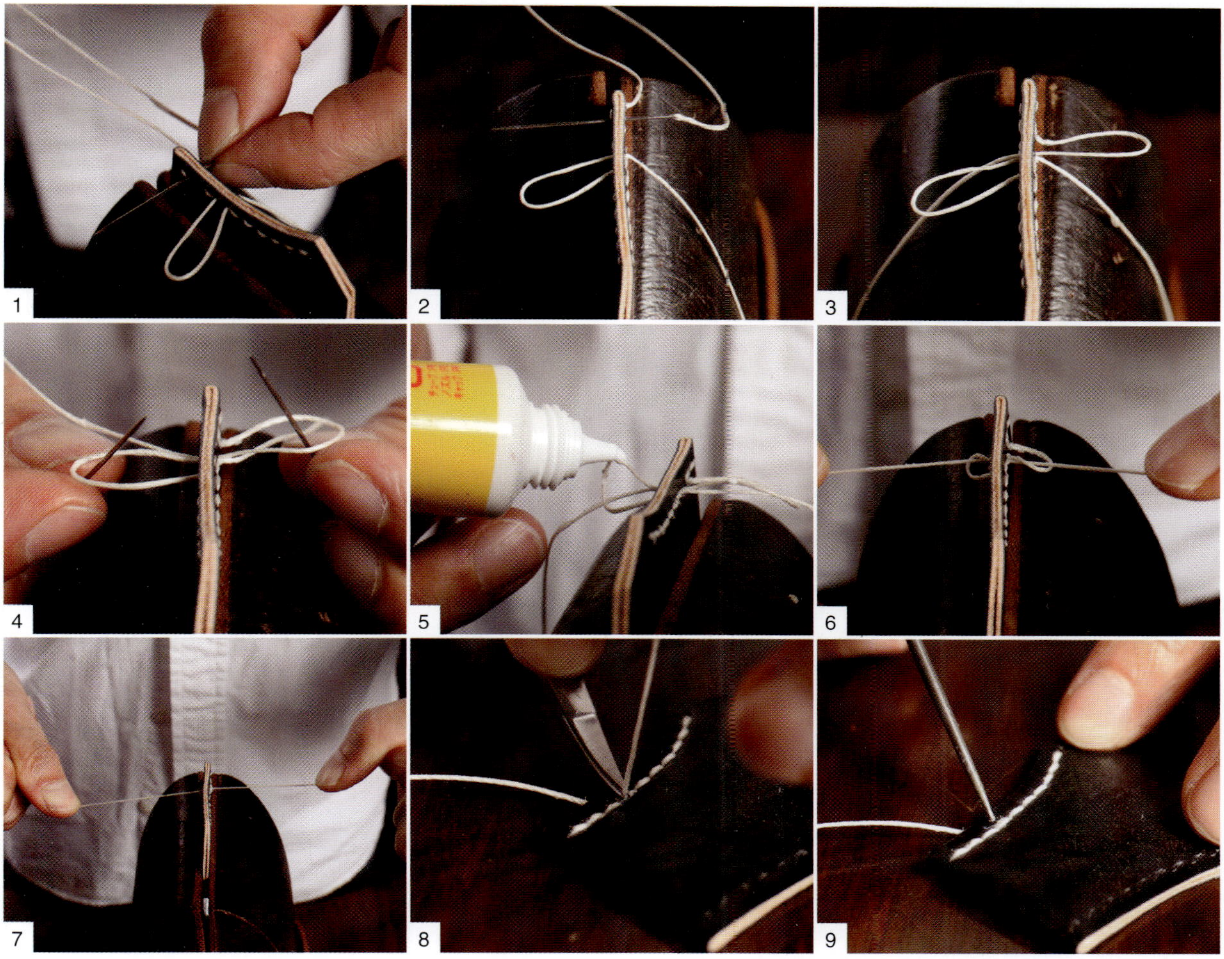

1、2. 其中一边继续缝合，然后回缝。另一边的缝线先不要拉紧。3. 回缝到原位置处后，将两边的线做成圈状。4. 将针从圈内穿过，使缝线交叉。5. 在之后藏在线孔中的缝线上涂上少量白胶。6、7. 拉紧缝线。8. 尽量从根部剪断缝线。9. 用圆锥将收尾的线头塞进线孔中，并调整外观。

▶回缝与收尾

起针处的缝线是连在一起的一根线，所以比较结实。而结尾处的缝线固定不好的话，则容易脱线，导致强度下降。

更重要的是，如果结尾处在部件的端点，那么就更容易脱线了。因此，需要将其中一边的线进行“回缝”，将缝线的结尾处从端点移到内侧。

回缝的方法：缝合到距离端点 3 个线孔的位置时，其中一边继续缝合，然后回缝到原位置处。最后拉紧缝线时，要在线孔内部交叉缝线，并涂上白胶，这样结尾处的缝线才能固定得更牢固。

分多次缝合时，也按照回缝的方法进行收尾，然后从收尾处最后的线孔重新开始缝合。

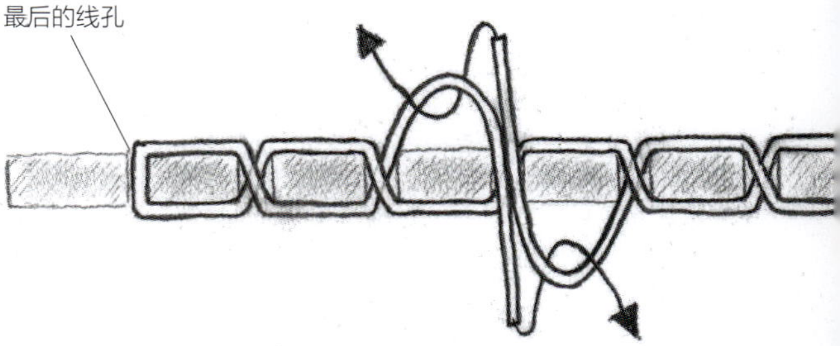

侧边打磨

▶侧边打磨的目的

所有的皮具都要进行侧边打磨后才算真正完成，这是为什么呢？当然，打磨侧边可以使侧边光滑、有光泽，能够使外观更漂亮，这是其中一个目的。但打磨侧边还有另外一个重要的作用，就是能够提高侧边的耐用性。

皮具在使用时会受到各种撞击、挤压、折弯等伤害，这些时候，就算缝合得非常好，侧边的接合面仍会有裂开的可能。而侧边打磨不仅能将侧边打磨成较耐受伤害的圆弧状，而且能将侧边按压紧实，避免开裂。

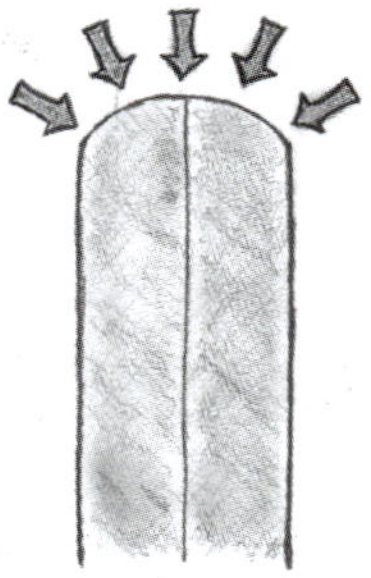

打磨侧边以按压紧实

▶用刨子削平整

在打磨侧边前，先用刨子将侧边的段差和凹凸不平削平整。如果忽视这个步骤，黏合后皮革侧边的表面就会不平整，而且就算打磨也仍会非常显眼。如果侧边比较厚，那么更需要注意此项作业。

刨子可以有效地将黏合后的侧边削平整。刨子的刀刃是平整的，因此相比锉刀等打磨工具来说，更容易削出漂亮的侧边平面。特别是面积较大的侧边，更适合使用刨子来进行作业。

为了在最佳状态下使用刨子，需要事先调整刨子刀刃的突出程度。用木棒等敲打刀刃尾部，刀刃就会往外突出。敲打下方的木头部分，刀刃则会缩回去。设置在大概位置后，轻轻敲打，进行微调，使刀刃保持能够精细作业的绝妙状态。

用刨子可一口气把整条侧边削平整。因此，若能正确使用，则是非常高效的工具。

削的时候，要一边观察，一边有节奏地将侧边削平整。此外，刨子在医生包提手衬垫革的制作中也会用到。

▶用砂纸打磨侧边表面

侧边削平整后，用砂纸将侧边表面打磨光滑。一开始先用较为粗糙的 150 号砂纸打磨出大致的形状，然后用 400 号的砂纸打磨光滑。此时就要同之前说的那样，将侧边打磨成圆弧状，并打磨到手指触摸不到段差和粗糙的程度为止。

本书中，龟田老师是将砂纸贴在方形海绵上进行打磨的。这样，既可平稳地打磨直线部分和侧边的平面部分，又可利用海绵的柔韧性打磨角部和圆弧部位。

在方形海绵的各个面上分别贴上 150 号和 400 号的砂纸，便于进行各种程度的打磨作业。

▶涂抹染料

如果需要涂抹染料的话，在进入最终的打磨作业之前，要先在侧边上涂上染料。（如果想故意保留侧边原来的颜色，也可以不涂抹染料）市面上有各种各样的侧边染料，可根据颜色和涂抹的难易度来进行选择。本书中使用的是水性染料。

涂抹时，用棉签蘸上适当（以染料不会滴下为宜）的染料，在侧边上以滚动的方式进行涂抹。如果是浅色的皮革，涂抹过多可能会导致染料渗透进皮面层，所以要尽量控制染料的量，以刚好能涂抹完侧边为宜。

侧边为圆弧状，可分数次进行涂抹，以免留下空白。

▶最终打磨

接下来，涂上边缘处理剂（赤菜），用布进行最终的打磨。这里使用的边缘处理剂是一种叫作“赤菜”的纯天然的处理剂，不含丙烯和聚氨酯等化学物质。

涂上边缘处理剂后，皮革的表面会软化，这时在干燥前用布进行打磨，就能抑制毛糙的产生。经过边缘处理剂的打磨，侧边表面细微的凹凸就会被填满，从而产生光泽。

用边缘处理剂打磨时，要进行适当的分段，分多次打磨。一涂上边缘处理剂，便用布开始打磨，直到因摩擦产生了热量为止。

为了稳定地进行作业，可将需要打磨的部位放在软木板上，横向进行打磨。此外，如果是打磨较厚的侧边，则可以用牛骨棒等硬物进行摩擦，也能有效地打磨光滑。

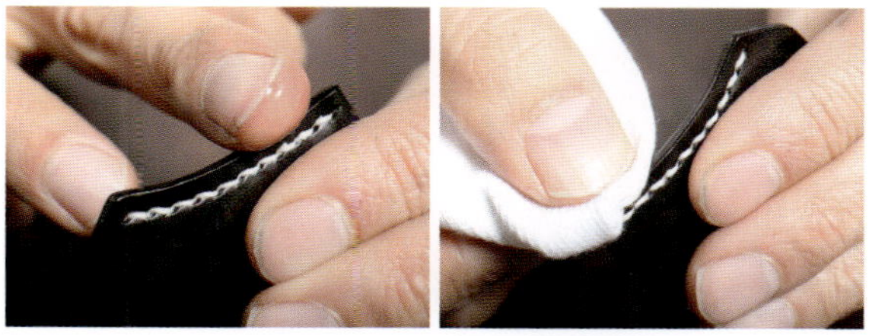

用手指涂上边缘处理剂（赤菜），以不溢出到皮面层和肉面层为宜。用布用力打磨至发热，侧边会逐渐产生光泽。

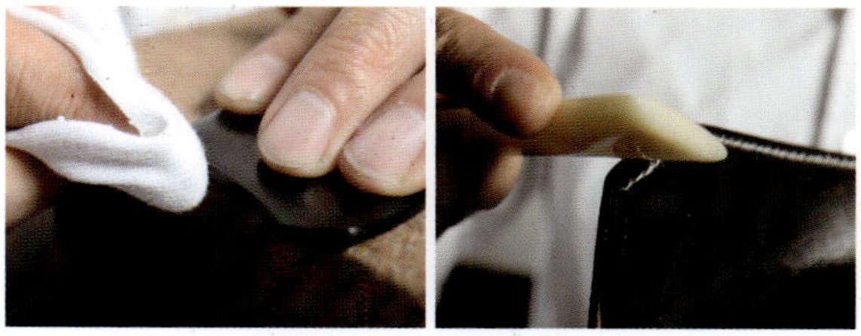

将需要打磨的部位放在软木板上，横向进行打磨，可以使作业效率更高。此外，用牛骨棒等硬物进行打磨效果也非常好。

▶反复打磨

整个打磨作业进行一次后，硬化的侧边会更便于再次打磨。因此，再次进行一连串的打磨作业后，便能提升侧边的打磨效果。反复进行打磨作业，直到侧边的状态让自己满意为止。

▶使用装饰边线器提高强度

装饰边线器是一种通过热和压力进一步稳固侧边的工具。如果能想象一下熨斗的工作原理，那么应该可以理解其功用了。装饰边线器是一种特殊工具，只有职业匠人才会使用，市面上一般很少有售。如果你想购买，则需要提前咨询手工皮具工具店或材料店。

使用时，要先用酒精灯对装饰边线器的前端进行加热。加热到适当的温度后，像握住裁皮刀一样握住装饰边线器，将前端的沟槽抵在侧边上，然后拉动装饰边线器。这样，侧边的纤维就会收缩、硬化。此外，侧边受热后颜色会变深，边缘内侧也会被压出一条装饰线，层次感和美感大大增强。

但是，需要注意的是装饰边线器的温度。若是温度太低，效果会不好。若是温度太高，则有可能会烫焦皮革。特别是浅颜色的皮革，颜色变化显著，注意不要加热过度。

加热的温度要靠经验和感觉来判断。多利用碎皮料来进行测试，调整到适当的温度。

此外，若是表里两面都需要烫出装饰线，则从里面开始制作。这是因为后面制作的装饰线会使之前制作的装饰线变模糊。

为了随时保证温度，所以暂时以这样的状态放置好。

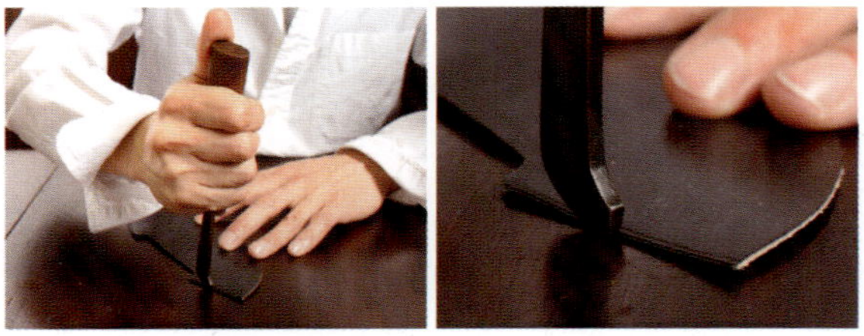

与裁皮刀的握法相同，将装饰边线器抵在侧边上并滑动。

▶制作个性化的装饰边线器

市面上销售的装饰边线器的前端都是未完成的状态，需要到手后根据需要自行调整。装饰边线器前端沟槽的状态不同，侧边的形状和装饰线也会不同。因此，使用者要用锉刀等工具对沟槽进行精密的打磨，调整为自己想要的状态。

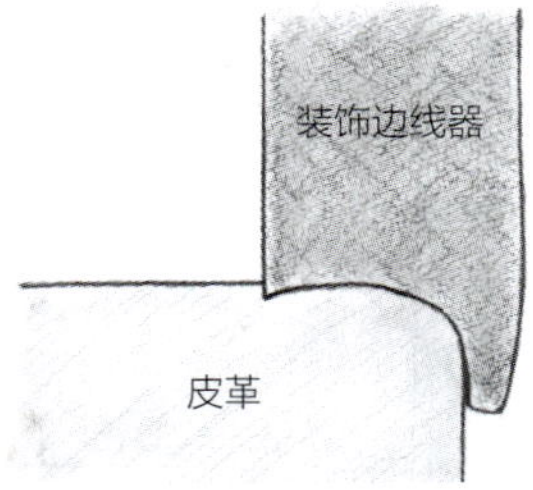

圆弧状或棱角状。每个匠人都有自己的风格，装饰边线器也都有自己的特色。

▶上蜡

侧边处理的最后一道工序是上蜡。将蜂蜡涂在侧边上后，可以填充细小的孔洞，避免沾染污垢，还能焕发出光泽。顺便说一下，这里使用的蜡不是线蜡，而是精制的白色蜂蜡。线蜡的黏度稍高，摸起来会有黏黏的感觉。而蜂蜡的黏度很均衡，不会黏手，也不会由于缺少柔软性而脱落，因此非常适合用来封边。

首先，将蜂蜡涂在侧边上。如果蜡有些硬化，则稍微用火烤软化再使用。然后，用加热后的装饰边线器将蜡烫熔化，并涂抹均匀。要注意装饰边线器的热度，并调整蜡的涂抹量，直到一部分蜡渗透进侧边皮革中，一部分留在侧边表面。若是上蜡太多，蜡可能会渗透到皮面层，导致出现斑点。最后，用布对上了蜡的侧边进行打磨，磨掉多余的蜡，侧边就会焕发出光泽。

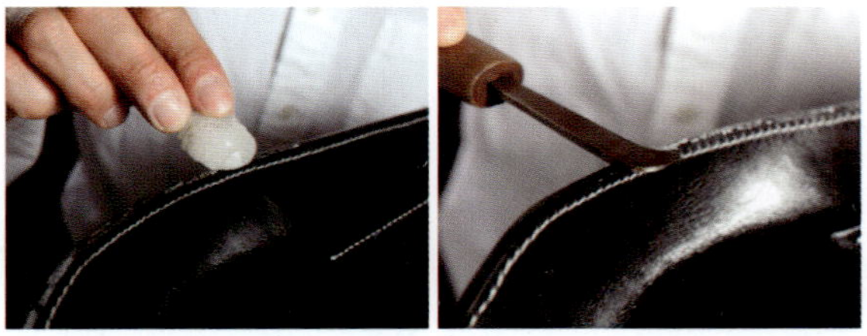

用加热后的装饰边线器擦过侧边上的蜡，使蜡熔化。装饰边线器的热度和蜡的涂抹量要视实际情况进行调整。

铆接

▶**正确的铆接方法**

让我们更详细地了解一下锁扣安装中使用的“铆接”方法吧！

安装锁扣的锁头和面盖前都要先在皮革上打出安装孔，然后插入钉子，进行安装。安装孔最好打得小一点，锁扣安装后才不容易松动。如果钉子穿过小孔时毫无阻力，那么说明安装孔大了。

如锁头，从包身里面装上锁头的背板后，将锁头的一侧放在万用环状台上。如本书 P112 所讲的那样，为了避免损坏钉头，要在万用环状台上垫上皮革，对钉头加以保护。同时，要在锁头另一侧垫上与万用环状台同等高的物品，使锁头呈水平状态。这样，铆接的准备工作就做好了。

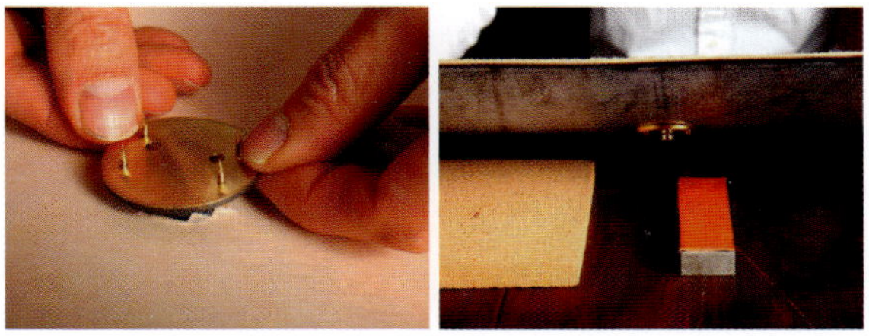

将背板对准钉子，安装稳固。锁头的两侧垫上同等高的物品，以保持水平状态。

用剪钳将钉子剪断，保留露出一点儿钉子头。钉子头保留剪钳剪断后自然留下的长度即可，一般为 1mm 左右。保留的钉子头若是太长，敲打后仍会有凸起存在。如下图，专业的剪钳可以将钉子尖端

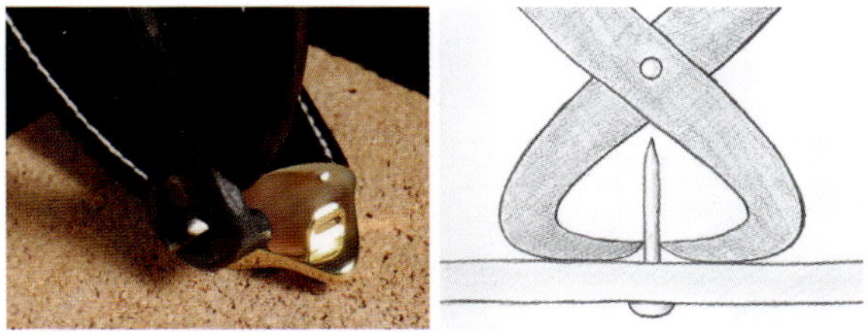

将剪钳如下图般紧贴背板表面，从钉子根部剪断，就会留下适当的长度。

包裹起来，这样，剪断时钉子的碎片就不会迸溅出来。

用金工用的小型铁锤反复敲打保留的钉子头。轻轻敲打即可，但要仔细操作，精准地敲打在钉子头上，不要敲到钉子头以外的地方。敲打到钉子头变为圆弧状，且没有毛刺的状态（摸起来很光滑）。所有的钉子都进行铆接处理后，确认金属配件没有松动就完成了。

轻轻敲打钉子头，直到如右图般变为圆弧状且没有毛刺的状态。

削薄

▶部分削薄的目的

这里所说的削薄并非是调整整块皮料厚度的“整体削薄”，而是为了部件能够更好组合在一起的“部分削薄”。

虽然说不进行部分削薄一样能制作出手提包，但是作品给人的感觉会非常粗糙。通过部分削薄，可以使各部件完美地结合，针脚会变得整齐、服帖，就不会有粗糙的感觉了。整个包会更加精致，呈现出优雅的姿态。而且，如同前面“侧边打磨”中所说的，侧边是整个包比较薄弱的地方，削薄侧边，减少侧边面积，整个包身也会更加坚固。

因此，对于手工匠人来说，通过部分削薄控制和调整侧边的厚度和形状是一种非常重要的技能。

如今，除了小型部件外，部分削薄其实是可以使用削薄机完成的。但本书为了使一般读者也能学习部分削薄的技能，重现制作手法，全部的削薄作业皆使用裁皮刀进行完成。

▶锋利度是削薄效果的关键

想要随心所欲地削薄皮革，必须有一把非常锋利的裁皮刀。裁皮刀割入皮革时，若刀刃的阻力很大，切口就会歪掉。虽然在“裁切”一节已经对裁皮刀的有关知识进行了详细的解说，但是这里再次建议各位一定要学习裁皮刀的保养方法，使裁皮刀在削薄作业中发挥最大功效。

▶本书中出现的3种部分削薄

在前文医生包的制作中共出现了3种不同的部分削薄方式，这里将一一解说。

第一种是“段差削薄”。段差削薄是从开始处向外侧一口气削薄成均等的厚度，削薄部分非常平坦。这是最常用的削薄方式。

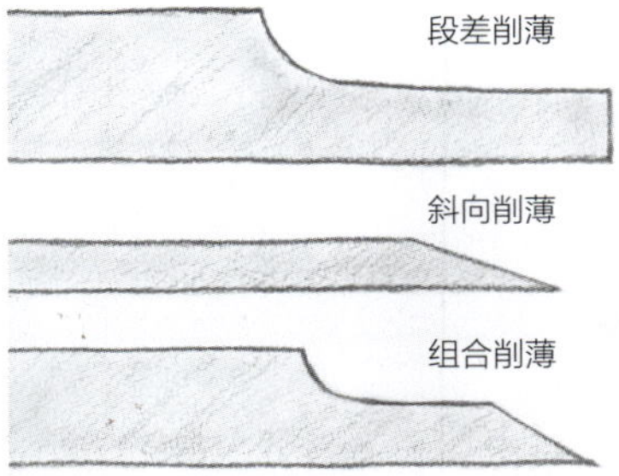

段差削薄可以调整缝线的形状；斜向削薄可以避免侧边的厚度不影响表面；组合削薄则兼具两种效果。

第二种是“斜向削薄”。一条直线斜削侧边，使侧边均等地越来越薄。由于是把侧边边缘的厚度削到极薄，因此又被称为“零厚度削薄”。即使黏合皮革，厚度也会保持均等，不会产生段差，影响表面。

第三种是由段差削薄和斜向削薄组合而成的“组合削薄”。即将段差削薄后的侧边，进一步做斜向削薄处理。本书中包身的芯材便进行了组合削薄。

▶削薄的诀窍

削薄时将裁皮刀刀刃的表面（斜面的那一面）朝下，进行削薄。若是将裁皮刀拿反了，刀刃会陷入皮革中，削掉比想象中更多的皮革。

斜向削薄时，使刀刃保持想削薄的角度，稍微向前推进。在这个状态下横向滑动裁皮刀，就能将皮革斜向削薄。练习这个动作，感受并记住切入的力道和方向。一次性削薄完成是很难的，因此要分成数次削薄，不断接近理想的形状。

段差削薄是用裁皮刀从起始处切入皮革至目标厚度，保持开始切入的厚度，将外侧削成均等厚度即可。这里也需要分成数次进行削薄。

细长零件的短边的斜向削薄较为简单。但对长边进行斜向削薄时，一定要保持一定的宽度和角度。这需要长时间的练习才能掌握。

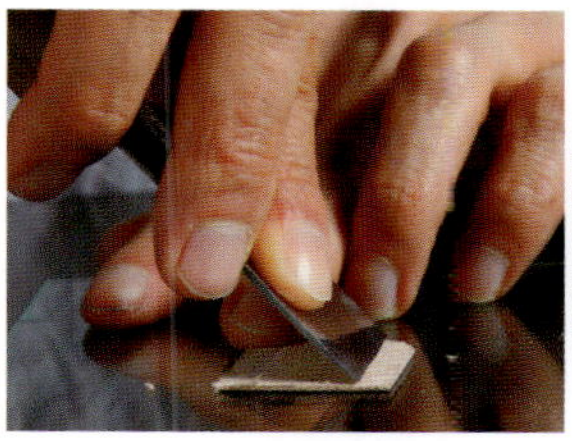

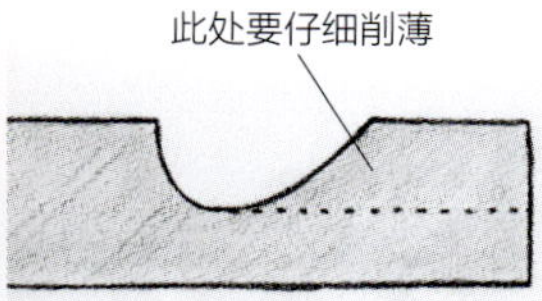

段差削薄是用裁皮刀从起始处切入皮革至目标厚度，保持这个厚度，将外侧削成均等厚度。

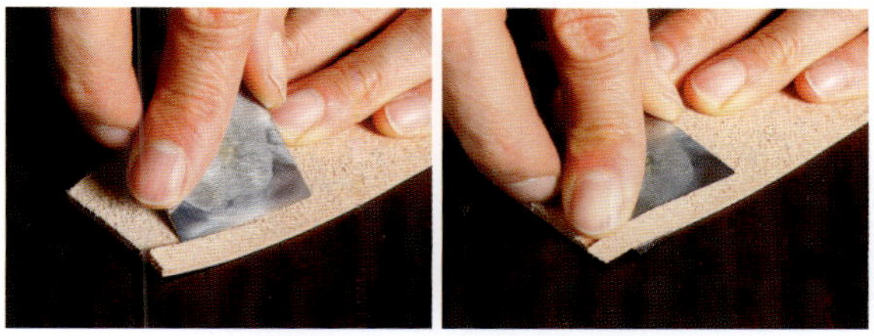

多加练习部分削薄的技术，说不定进行段差削薄时，也能像上图一样，一次便削薄到位，削出带状皮革。

另外，仔细刮压黏合段差削薄部位，才能充分发挥削薄的真正作用。如本页右下角示意图，将段差削薄后的侧边黏合 内部会产生间隙。仔细刮压这个间隙部位，将内侧压紧实，外观会更加饱满、明朗。为了能突显这个部分，可用厚纸板进行辅助，用牛骨棒确实刮压。

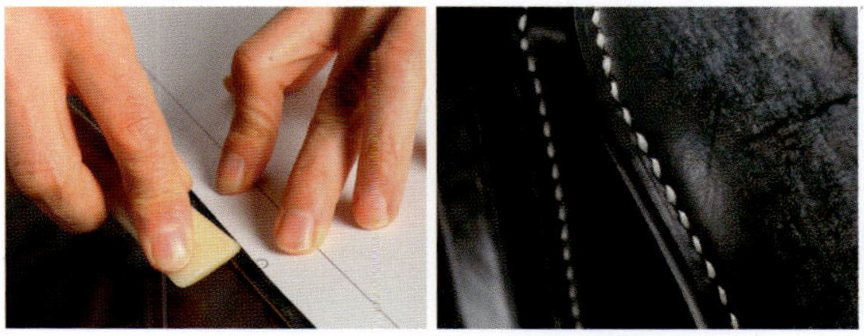

运用厚纸板或直尺辅助，用牛骨棒沿着段差削薄的线进行刮压。这样，缝线的两边便能更加饱满，更加优雅。

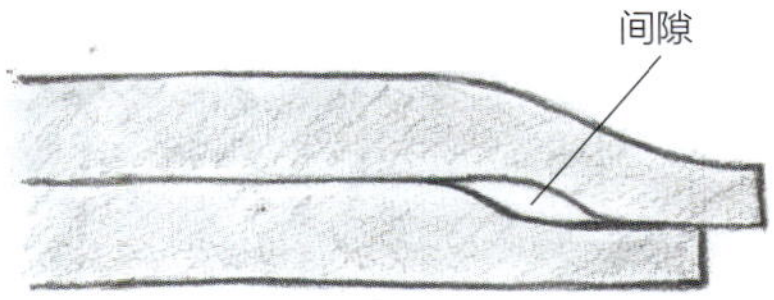

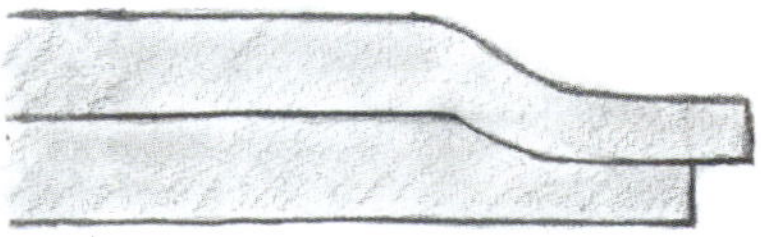

活用段差削薄可以使外观更漂亮。将削薄部分的内侧压紧实，表面就会鼓起来。

锁扣知识

医生包等手提包所用的锁扣一般由两部分组成，分别是安装在舌扣上的面盖和安装在包身上的锁头。将面盖卡入锁头中后，用钥匙即可开锁。日语中“钥匙”一词指的是钥匙与锁扣这一整组配件，然而钥匙和锁扣是不同的。我们常说的钥匙，只是插入锁头孔的配件，在英语里被称为“key”，是整组锁扣的一个配件。而锁扣则是面盖和锁头的统称，是统领开合的配件，相当于英文中的“lock”。

锁头一般安装在包身的中央，是具有象征意义的金属配件，因此，请根据需要谨慎选择。锁扣有许多不同的种类，根据面盖的形状，可以分为“压扣式”和“插扣式”。也有根据锁头的形状、加工工艺、材质等来进行分类的，但总的来说，不同种类的配件会在外观、质感、重量等方面给人完全不同的印象。

近年来，市场上出现了各种各样的金属锁扣。本书会对部分锁扣进行简单的介绍，以便各位进行选择。

图片提供：M&k

种类与尺寸

就像前面所说的，根据面盖的形状，可将锁扣分为“压扣式”（左上）和“插扣式”（左下）两种。本书使用的是插扣式，将面盖背面的凸起卡入锁头的孔中。学生书包上常用的就是插扣式。

除了形状外，锁扣最重要的选择依据是夹住舌扣部分的宽度，以及钉子或螺丝的最大宽度。由于锁扣本身的生产量不高，尺寸也少，所以提前要根据拟选择锁扣的种类和尺寸，设计好舌扣的宽度和厚度，以完美组合。

01 压扣式

02 插扣式

03 其他类型的锁头

材质与加工方法

锁扣的材质通常有黄铜、锌合金、铝、铁等，而材质通常与加工方法紧密关联。铜制的锁扣一般是用车床进行加工的，费时费力，因此价格也比较高。锌合金则是通过压铸（模具铸造）进行加工的。将熔化的锌合金倒入模具中，并进行加压。此外，还有冲压加工等加工方法。金属配件常会进行电镀处理，做成金色、银色、黄铜色等漂亮的颜色。黄铜制的锁扣中也有制作得非常精致的，甚至都让人无法分辨其材质。

01. 电镀处理的非常漂亮的黄铜制压扣式锁扣。最左边为 LA-100，与本书的锁扣同为用钉子固定的类型。中间的 LA-99、右边的 LA-97 的固定方式不同，锁头是通过将配件的折脚插入皮革中进行固定的，面盖是用螺丝进行固定的。除了黄铜制的外，还有其他各种材质的锁扣。

02. 插扣式，通过把面盖插入锁头的卡槽中以进行固定。左边的 LA-69 有 L 和 S 两种尺寸。右边的 LA-10-L-K 则是特殊卡槽和钥匙孔的锁扣，相当漂亮。两种锁扣的锁头都是折脚固定型，面盖为螺丝固定型。

03. 除了经典的锁扣形状，还有其他很多漂亮形状的锁扣。左一的 LA-84 为采用了阿米特公司密码锁的锁扣；左二的形状锐利的 LA-89 为采用了磁力锁的锁扣，通过高强度的磁力吸住面盖和锁头。右一的 LA-19 面盖与锁头的形状均为圆弧状，非常特别。右二的 LA-1 则是通过滑动锁头上的开关来开锁的锁扣。

意大利锁扣

图片提供：Countless River

意大利产的金属配件是拥有相当的知名度和人气的，此处就介绍几款意大利“FRANCINE”顶级的锁扣。

“FRANCINE CLOCK LOCK”为比较罕见的密码锁扣，没有钥匙孔，通过使用专用的钥匙工具转动双重轮盘来设定密码和进行开合。No.1 为圆形，面盖和锁头均为铜钉固定型。No.3 为四边形，面盖为螺丝固定型，锁头为铜钉固定型。

“FRANCINE CIRCLE LOCK”为传统圆形的用钥匙开锁的锁扣，也分为铜钉固定型和螺丝固定型。

这 4 款锁扣均为黄铜制，抛光的表面呈现出亮丽的光泽。漂亮的外形和拿在手中那沉甸甸的重量感，吸引了大量粉丝。

FRANCINE CLOCK LOCK No.1

FRANCINE CLOCK LOCK No.3

FRANCINE CIRCLE LOCK No.1

FRANCINE CIRCLE LOCK No.2

其他金属配件

除了锁扣外，医生包上还使用到了许多金属配件。如用于管理袋口开合的口金、连接口金框端部的螺丝、安装提手用的提手座等。安装提手用的金属配件非常多，本书制作的医生包使用的是安装在口金框上的提手座。此外，还有安装在包身上的提手扣。本书中的口金框是自己制作的，若是不想自行制作，也可以去手工皮具商店寻找合适的成品口金框。

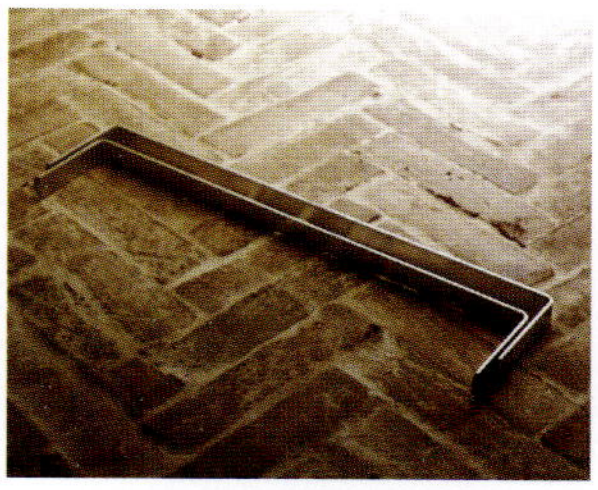

MK公司所售卖的医生包用的口金框。购买前请咨询是否有存货。

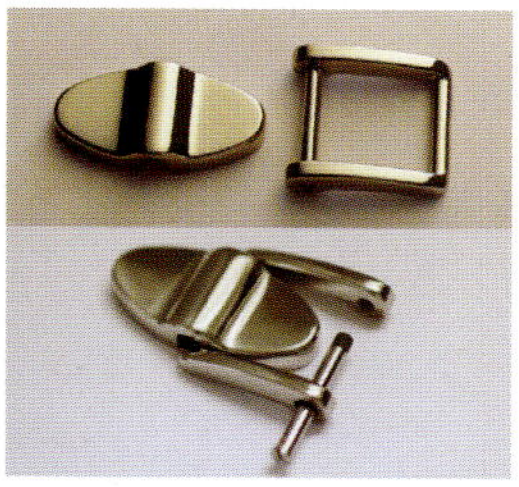

提手扣。与提手座的功能相同。

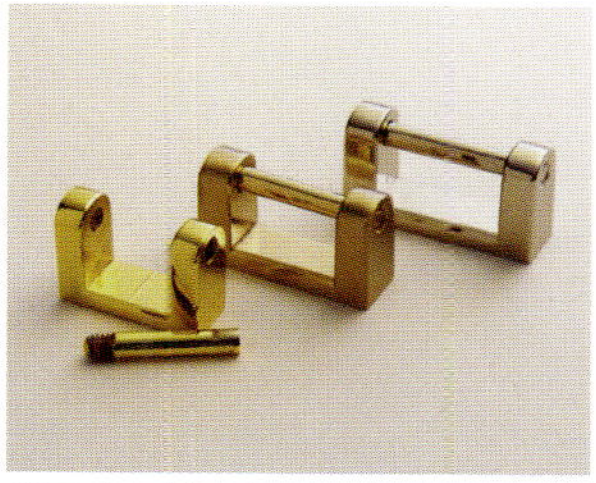

提手座。松开螺丝，穿过提手，再上紧螺丝即可。

连接口金框用的螺丝。根据口金框的厚度和轴孔的大小，选择合适尺寸的螺丝。

Shop Information

MK公司是专门售卖箱包配件的老字号商店，手工皮具的多数配件都可以在这里购买到。除了这里介绍的金属配件，还有其他原创的配件。

MK公司

地址：日本东京都台东区浅草桥 2-1-9

电话：03-3863-2300

网址：http://www.mk-yokoya.co.jp

Countless River 是一家销售与皮革工艺相关的高品质产品的商店。许多罕见的配件也可以在这里找到。

Countless River

地址：日本千叶县市原市青柳 1075-2

电话：0436-63-3916 邮箱：countless.river@gmail.com

网址：http://www.countless-river.com

Craftsman's Interview

访问职业匠人

本书在编写过程中，特地向给我们教授医生包制作方法的“手缝皮包 TRUNK”工作室的龟田老师请教了关于皮革、金属配件、工具方面的秘诀。本章将会以问答的形式，向大家讲解。倾听职业匠人的建议，对自己的手工制作绝对是大有裨益。

本书制作的用擦蜡马鞍革制作的医生包(右)和同款普通植鞣革的医生包(左)。皮革不同，给人的印象也不同。

读到这里的读者，不是已经熟悉了制作的过程，就是已经充满了制作欲望吧！为了制作出具有厚重感的医生包，龟田老师究竟有哪些诀窍呢？

皮革的魅力在于皮革是天然素材

编辑部(以下简称“编”)：哪些皮革适合用来制作医生包呢？

龟田佳康(以下简称“龟”)：较为坚韧的皮革是制作医生包的比较合适的素材，成品不容易塌陷。

编：果然是使用的皮革不同，作品的效果也会大大不同。对龟田先生来说，皮革的魅力是什么？

龟：皮革的魅力在于它是天然素材。每款皮包的氛围都是有所不同的，而且，不同的匠人和以不同的方法制作的包的风格也会有不同的魅力。用天然皮革制作成的皮包经过使用后，形态和颜色都会发生神奇的变化。

编：使用的时间越长，变化越是明显。

龟：没错，不同的加工方法和使用习惯都会使皮革产生不同的变化。

编：那么制作本书中的医生包，一般需要多长时间呢？

龟：我平时要负责皮革教室的教学和接一些订单，不是一整天地制作皮包，所以没有实际统计过时间。不过，如果每天都花费整块的时间进行制作，可能需要两周时间吧。

编：连职业匠人都要花费两周时间。(对一般人的制作时间感到担忧……)

龟：相对于其他皮包的制作，医生包的制作算是相当耗费时间的。我认为，能保持良好的心态应该是最困难的。只要坚持不懈地制作，那就一定可以成功。

医生包的厚重感和美丽的曲线

编：医生包的魅力是什么呢？

龟：医生包的魅力在于它那厚重的感觉和漂亮的曲线。

编：确实，相比柔软的皮包，医生包更有存在感。那么功能方面有什么特性呢？

龟：放置时可以自行站立，并且在这样的状态下可以自由开合。袋口可以打开得特别大，拿取物品非常方便。

编：医生包的称号绝非浪得虚名，这样的特性的确适合用来搬运和放取药品。龟田老师所做的皮包都是商务类型吗？

龟：我一直比较喜欢具有厚重感的皮包，所以接收到的订单也多为这种类型。不过，最近也开始接收一些不同风格的皮包和小物的订单了。

编：您工作室的氛围真的很棒呀！

龟：谢谢！其实工作室的整个构架和装潢都是我自己做的，虽然花费了很多时间和力气，也失败过多次，但是我希望能把自己心中的想象化为现实，并将这种理念传达给客人和我的学生。我想，这也是让别人理解我们“手缝皮包 TRUNK”理念的最好的办法。

重视基本技巧，用心制作

编：在制作过程中，有没有特别需要注意的地方，以及需要事先多加练习的地方呢？

龟：整个包是用较硬的皮革制作的，因此，制作时需要花费一些力气。如提手，在拉伸皮革的同时又要做出立体感是比较难的。希望大家在完美完成之前都要认真地做，直到完成为止。

编：您的意思是要坚持，即使失败了，也不要气馁。

龟：是的，还请大家化失败为动力，继续努力。此外，“涂抹橡胶糊”和“用裁皮刀削薄”的作业虽然看起来简单，但是想要做到完美相当困难，因此，最好利用废皮革多加练习。

编：工具方面有什么要注意的要点吗？

龟：工具虽然买来就可以直接用，但是像锥子、裁皮刀等最好先进行加工和保养。有刀刃的工具要用研磨石研磨过后，才能保持锋利的状态。

编：这是比较重要的。

龟：将皮革裁切得漂亮虽然是理所当然的事情，但却是做出好作品的前提。重视每一个基本的技巧，用心制作，才能做出完美的作品。

TRUNK 的原创锁扣

配合喜欢的金属配件，考虑皮革的颜色与设计

编：说到医生包，第一印象就是锁扣。那么，挑选锁扣时有什么要点呢？

龟：近几年，古典风格锁扣的需求越来越少，生产的种类也越来越少，因此很难找到喜爱的锁扣。我也会制作一些原创的锁扣，但不是特殊形状的。我认为简单才是王道，可以给人沉稳、厚重的感觉。

编：碰到喜欢的锁扣就赶紧入手吧，下次说不定就再也找不到了。

龟：是啊。锁扣对于医生包来说是象征性的存在，拥有了喜欢的锁扣，再配合锁扣考虑皮革的颜色与设计就可以了。

编：什么样的锁扣都可以吗？

龟：锁扣的功能基本没有什么差异，所以选择自己喜欢的锁扣就好。但是锁扣对于欲制作的皮包的氛围很重要，所以必须要考虑到这一点，保证锁扣的质感和整个包的氛围的平衡。

编：那您推荐选择什么材质的锁扣呢？

龟：我认为市面上的锁扣应该都是按照最适合那种素材的加工方法来制作的，因此，什么材质都可以。我制作的锁扣一般都是用黄铜或银这两种素材制成的。因为我喜欢朴质的感觉，因此，比起电镀，我更喜欢纯粹的素材。我之前是完全没有金工的加工知识和经验的，因此花费了很多精力和时间，才做出自己想要的锁扣。也许是我的辛苦和执着让客人有了同感，因此反响一直很好。现在想起当初自己勇于挑战锁扣制作的画面还是不甚欢喜。

手缝必备的固定夹。这也是龟田老师自行制作的。

想象最终完成的模样，快乐地制作

虽然费时费力，但手缝却是皮具制作中最顶尖的技术

编：龟田老师成为皮包职业匠人的契机是什么？

龟：我的祖父是个裁缝，受他影响，我对服装业很熟悉。我也对设计很感兴趣，同时喜欢细致、灵巧的手指作业，在考虑了皮包和鞋子等项目后，最终选择手工皮包作为职业。

编：刚进入手工皮具行业，工作中有没有令老师最为深刻的事情？

龟：有。就是没有想到有那么多的人喜欢手工皮具，并且希望来我的皮革工作室进行学习。这件事让我相当惊讶。

编："TRUNK"为什么对手缝如此执着呢？

龟：我特别执着手缝的原因是手缝的作品具有个性和稀有性。全部是我手工完成的，会让客人产生一种信赖感。虽然机缝的效率很高，但可靠性更重要。

编：手缝有什么优点呢？

龟：手缝的缝线不易磨损，耐久度得到提高。这对于需要长久使用的皮包来说尤为重要。另外，手缝不受缝纫方向或角度的限制，可以创造出更加多样的设计。缝合手法不同，整个作品给人的感觉也会不同。甚至，每一个作品都会反映制作者的性格。这可以说是手缝最大的特点吧。

编：制作过程中让你最开心的事情是什么？

龟：想象着使用皮包的人会开心，我也就会开心。大家在制作时，如果想象皮包制作完成后的样子，或者对方收到礼物时的样子，那么自然会产生用不完的力量，制作过程也会变得轻松起来。

手缝皮包 TRUNK

在日本东京高圆寺的商业街的一角，有一家没有特大招牌、闲适安静的手缝皮包店“TRUNK”。灰色的墙壁、古老的家具、到处摆放着的精致小物，都散发着静谧、沉稳的气氛，让人不禁对这次的邂逅充满了期待。店内的架子上、桌子上陈设着各种款式的传统皮包、钱夹，还有让女生不由陶醉的皮制化妆盒，琳琅满目，让人目不暇接。对于喜爱皮具的人来说，这可能是无比幸福的空间。店里所展示的这些行李箱、手提包、名片夹等皮具都是亀田老师精心手工缝制而成的。

亀田老师说，他从来没有做过宣传或广告。客人都是口口相传，自行寻找来到店里，购买 TRUNK 皮包的。客人一般都不会苛求品牌和价格，他们会亲自触摸皮包来判断皮包的品质，然后决定是否购买。自从 TRUNK 开店，每天都会接到网站的皮具订单和学习手工皮具的请求。

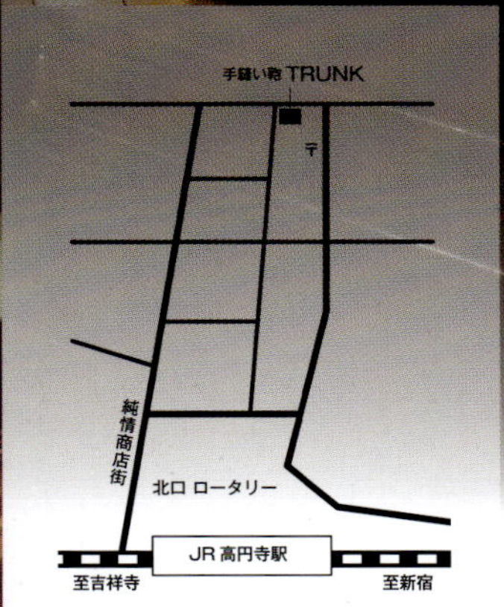

Shop data

手缝皮包 TRUNK

地址：日本东京都杉并区高圆寺北 2-20-4
电话：03-3339-1230
邮箱：ysys@tenui-kaban.jp
网址：http://tenui-kaban.jp

我们也询问了实际使用 TRUNK 皮包的客人的使用感受。右上图片是小野诚先生在 TRUNK 定做的医生包，图为已经使用了 7 年后的样子。右下图为经小野诚先生介绍，安达久幸先生在 TRUNK 定做的医生包，图为已经使用了 5 年后的样子。两个医生包都曾被送回 TRUNK 保养过一次，如今仍然可以正常使用，两位先生每天都会随身携带。包身上虽然可以看到与使用时间相当的明显伤痕和经年变化，但完全没有损坏的迹象，使用上毫无困难。而且，经过时间的考验，充满了堂堂正正的存在感和威严，与笔挺的西装非常搭配。

两位是保险公司的企划专员，一致认为医生包是非常适合他们职业的手提包。卓越的品质和沉稳的风格，让持有者拥有一种可靠感。充满个性和存在感的医生包，一定会增加你与人交流的机会。

在保险公司工作的小野诚先生（左）和安达久幸先生（右）。医生包和两位笔挺的西装非常搭配。

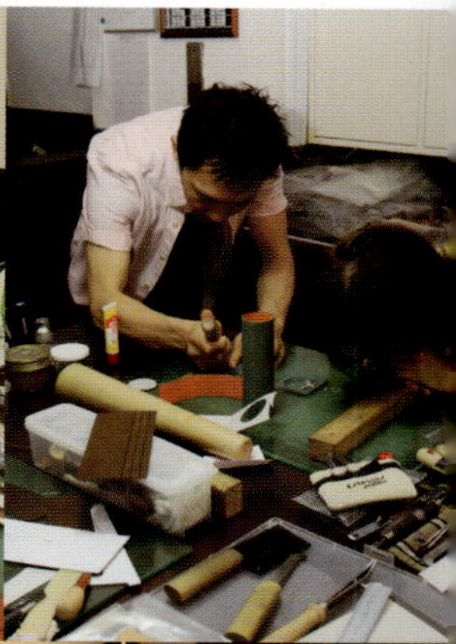

TRUNK 拥有自己的教室，每个月上课 3 次，人气爆棚。遇到星期六、星期日，更是需要预约和排队。教室并没有设定固定的课程，初学者一开始从纸型的制作方法开始学习，然后与老师商量想要制作的东西，然后就可以在老师的指导下进行制作了。教室非常安静，大家都在专注自己的作业。有想来学习的朋友可以先致电咨询，也可以亲自来现场进行旁听和体验。

Bag of hand stitch TRUNK

各种实用的箱类皮具作品。皮革与异素材的巧妙搭配，坚固性和时尚性的完美融合。

每个人对于包的需求都不一样，每个人对于包的审美也不一样。制作出满足不同客人需求和审美的作品，让客人满意，是制作者的快乐所在。唯有精细的做工，可靠的品质，才能获得更多人的肯定。

TAPIR
LEDER
PFLEGE

越是小的物件，越是能体现出制作者的想法和技术。一件小小的作品，绝不是短暂时间内可以完成的，它包含着一个匠人经年累月的积累和素质。一件有魅力的小物，一定是出自有魅力的制作者之手。

Pattern

纸型（小部件）

本处刊载的是本书折叠页上没有记载的小部件的纸型。与折叠页上的纸型相同，皆为原尺寸大小。使用时，将本页复印后，用橡胶糊贴在硬纸板上使用。裁切纸型时请对准线条的中心。

※ 没有单位的数字皆表示 mm。

关于部件的裁切方向

每片皮革都有容易拉伸和不易拉伸的方向。请将以下纸型上的箭头记号对准皮革不易拉伸的方向进行裁切，便能提高耐久度。

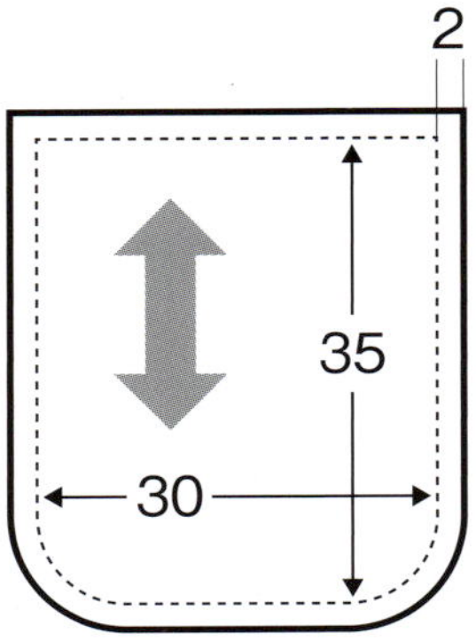

包身拉手表

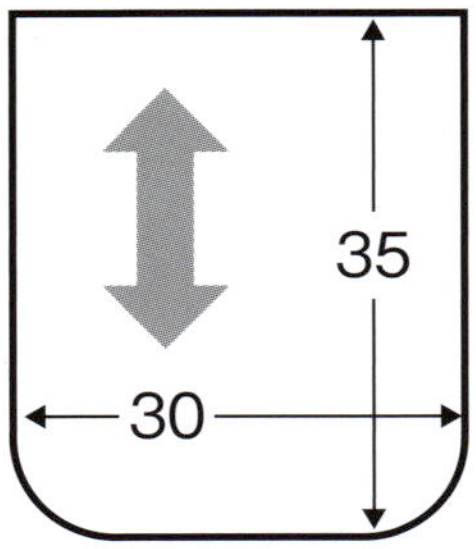

包身拉手里

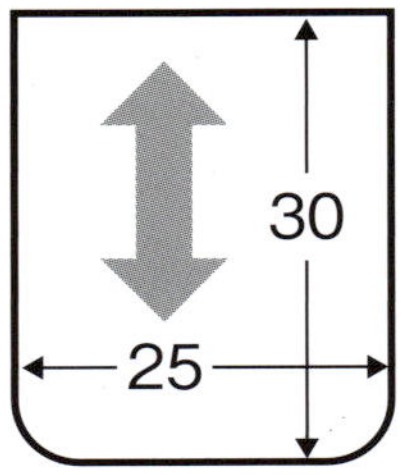

底板拉手

※ 所有拉手零件皆使用 1.5mm 厚的表面用皮革

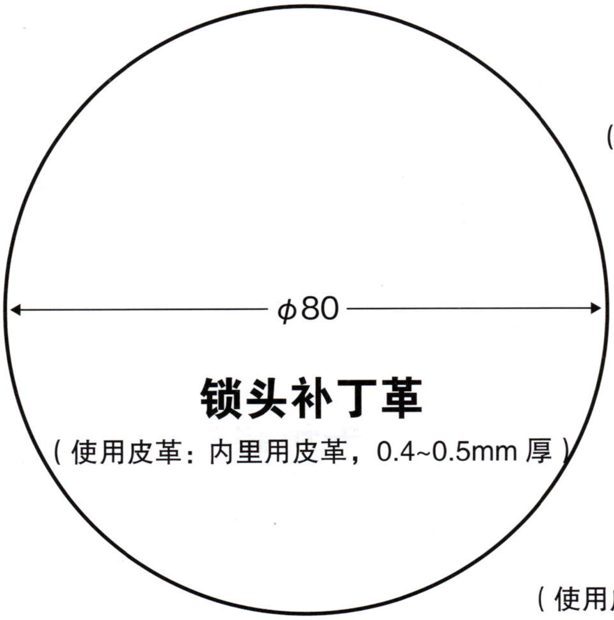

锁头补丁革

（使用皮革：内里用皮革，0.4~0.5mm 厚）

口金垫片

（使用皮革：表面用皮革，1.5~2mm 厚 ×2 枚）

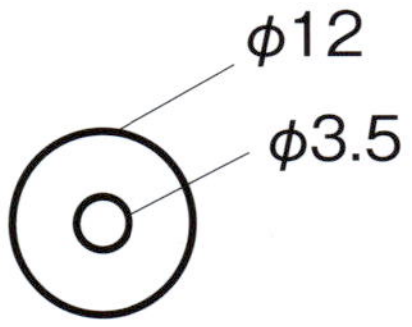

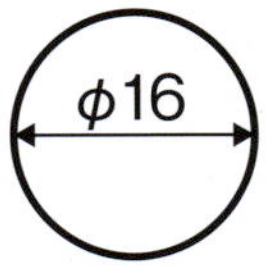

螺丝头部包覆革

（使用皮革：表面用皮革，0.5mm 厚 ×2 片）

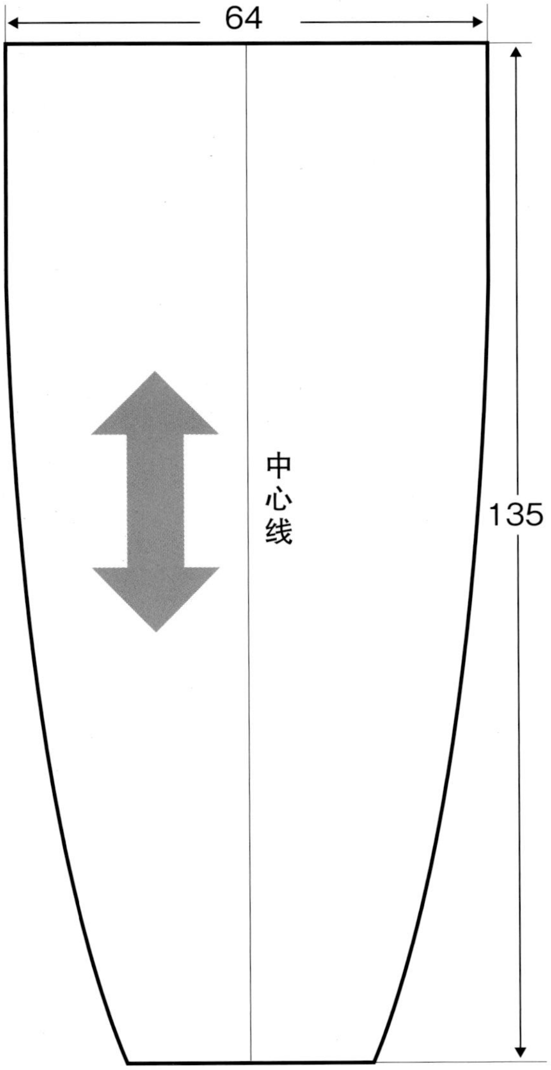

舌扣里

（使用皮革：表面用皮革，约 2.2mm 厚）

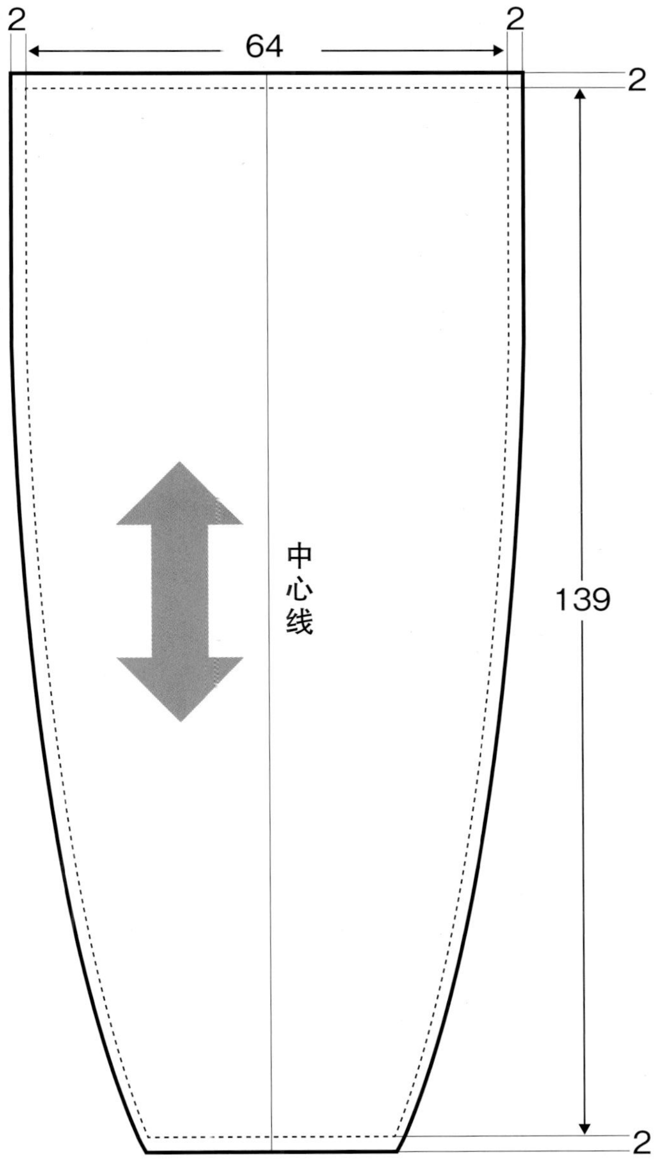

舌扣表

（使用皮革：表面用皮革，约 2.2mm 厚）

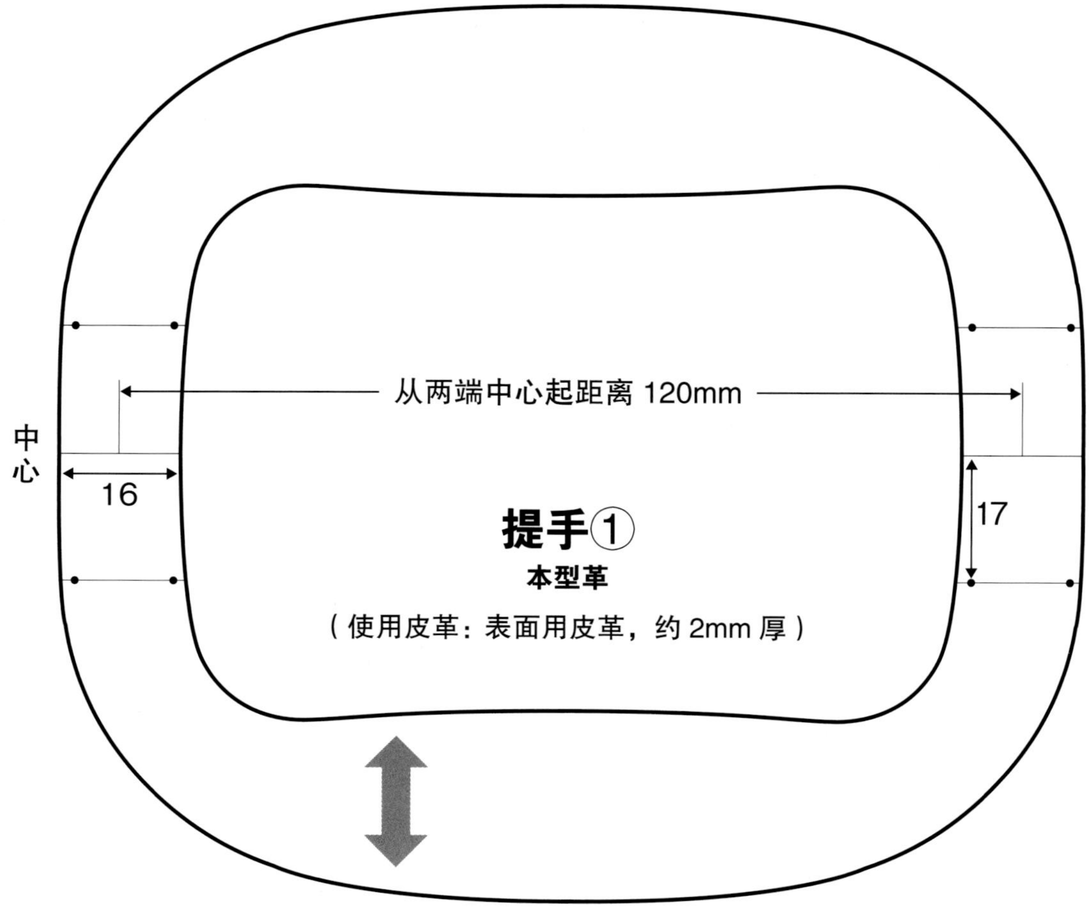

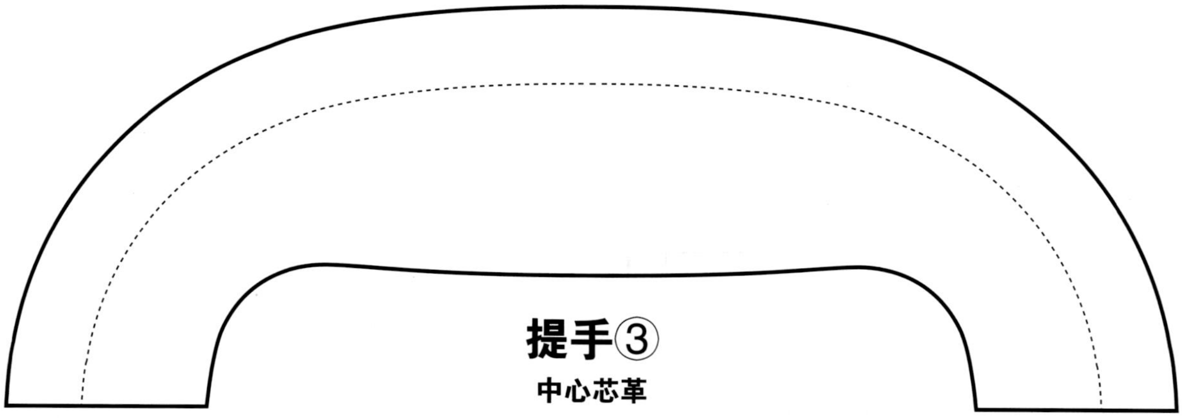

（使用皮革：表面用皮革，约 3mm 厚）

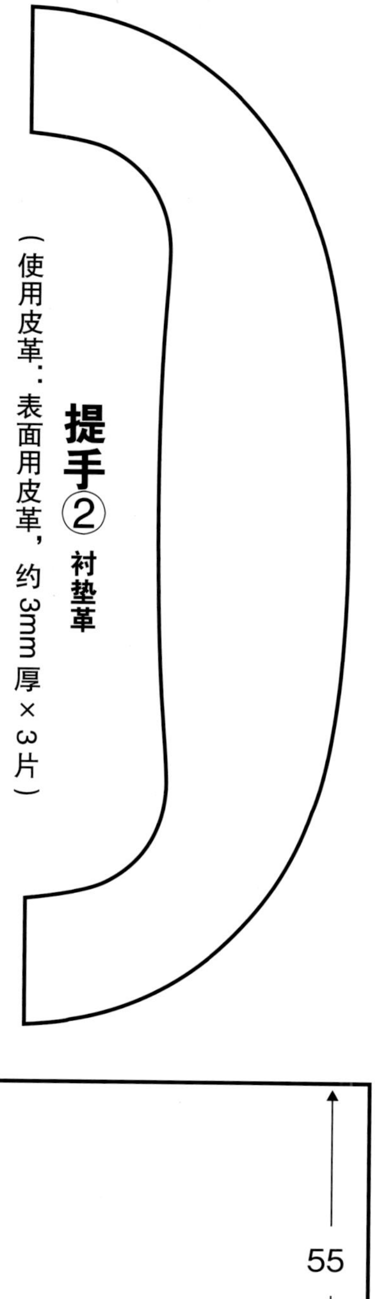

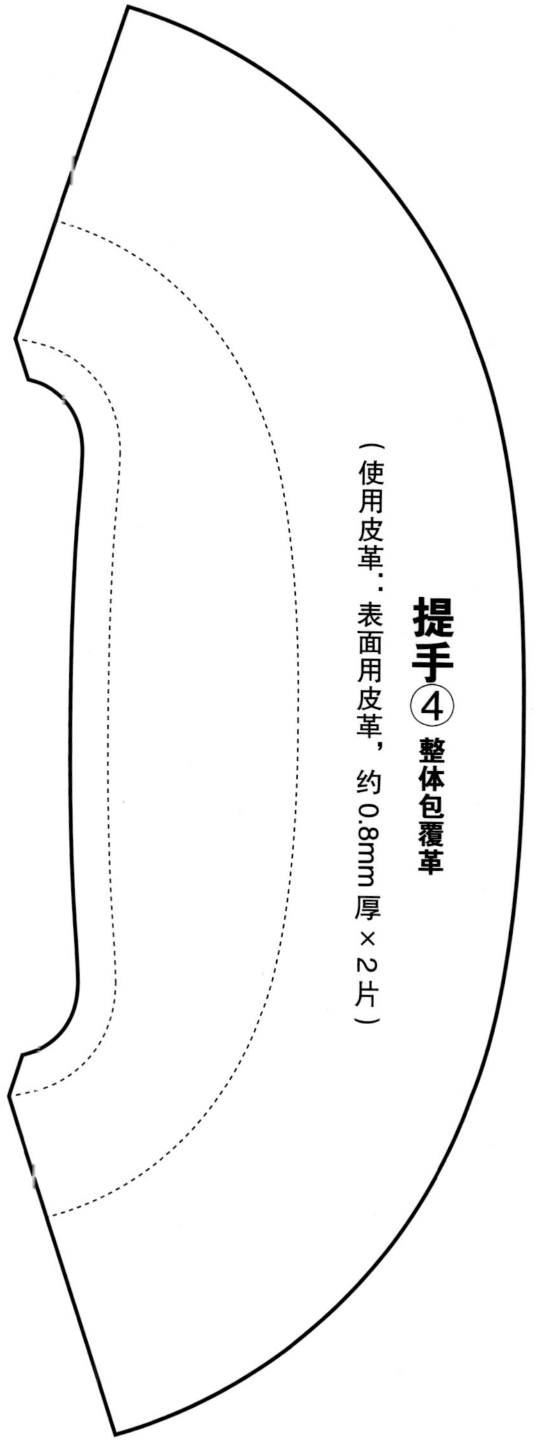

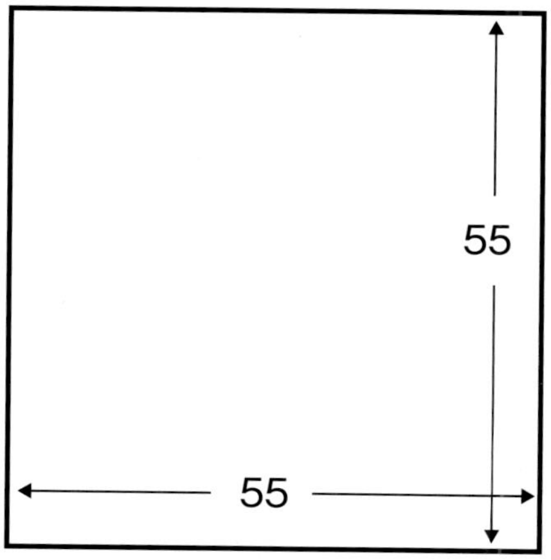

提手⑤

根部包覆革

（使用皮革：表面用皮革，约 0.8mm 厚 ×2 片）

著作权合同登记号：豫著许可备字 -2017-A-0146
自分で作る本格鞄　ダレスバッグを仕立てる

摄影：関根 統　Osamu Sekine

图书在版编目（CIP）数据

皮革工艺．经典医生包 / 日本 STUDIO TAC CREATIVE 编辑部编；赵胤，丁男译．—郑州：中原农民出版社，2018.6
ISBN 978-7-5542-1924-9

Ⅰ．①皮…　Ⅱ．①日…　②赵…　③丁…　Ⅲ．皮革制品—手工艺品—制作　Ⅳ．① TS56
中国版本图书馆 CIP 数据核字（2018）第 124224 号

策划编辑：孙　征
责任编辑：孙　征
责任校对：杨　玲
美术编辑：杨　柳

出版：中原出版传媒集团　中原农民出版社
地址：郑州市经五路 66 号
邮编：450002
电话：0371-65788679
印刷：郑州市毛庄印刷厂
成品尺寸：202mm × 257mm
印张：12.75
字数：310 千字
版次：2018 年 8 月第 1 版
印次：2018 年 8 月第 1 次印刷
定价：128.00 元

赏》

乐队·吉他)

戏剧表演》

舞蹈》

歌　　唱

主　　编：于润洋　吴　斌

模块主编：郁文武　莫蕴慧

编写人员：谭天静　傅利民

郭秀芬

普通高中课程标准
实验教科书·音乐

歌　唱

经全国中小学教材审定委员会2004年初审通过

人民音乐出版社
北京教育科学研究院　组编

人民音乐出版社出版
山西新华书店集团有限公司发行
郑州市毛庄印刷厂印装

A4　6印张
2009年7月北京第1版
2018年6月河南第8次印刷
ISBN 978-7-103-03723-2
定价：6.94元
批准文号：晋发改收费发［2018］328号
全国价格举报电话：12358
如有印装质量问题请与印刷企业

歌

唱

普通高中课程标准实验教科书·音乐